東京食素

京

素

Tokyo Vegetarian restaurant

 美味蔬食餐廳

 47選

目次

contents

本書刊載的店家資訊，如營業時間、公休日、菜單、料理價格等，皆為2018年11月當時取得之訊息。日後如有更動，以店家公告為準。

Prologue

為什麼身為日本人的我使用中文介紹日本素食餐廳？

「想要在世界上增加日本的粉絲」是我現在的目標。
這是因為學生時代的我，有許多在海外留學生活的經驗。
比如泰國、美國、中國以及其他國家，
在那些國家生活的時候，我發現日本的魅力並沒有完全地在世界中展現出來。
因此我在學生時代成立了一個能夠傳達日本魅力的社團，
作為各國旅行者來到日本時的志願嚮導（解決語言等等問題）。

然而在這個過程中，特別困難的一件事就是幫助素食旅行者尋找素食餐廳。
他們特地來到日本旅行卻不能吃到美味的日本特色料理，
只能吃著從自己國家帶來的類似杯麵的速食食物。
看到那個場景，讓我至今還是覺得非常難過。
同時也感到非常的羞愧。
即將在2020年召開奧林匹克運動會的東道主日本，
以這樣的姿態迎接各國的客人真的可以嗎？
「一直這樣下去不行啊！」
意識到這一點的我，開始了以增加素食餐廳為目的的宣講會等活動。
在這個過程中，我發現台灣以及其他國家有很多素食者。

台灣的素食者居然超過人口的10%以上！？

這麼說來，訪日的台灣遊客一年大約有500萬人，
然而在這500萬人裡，接近50萬人可能是素食者，
我一想到這50萬素食者來到日本為了解決飲食問題而遭遇的困擾，

瞬間就明白了自己的使命是什麼。

我想成為這五十萬或是更多素食者的橋樑。

除了繼續之前提到的宣講會之外，

我也開始在各大社交媒體上發布關於日本素食餐廳的情報。

為什麼一定要做這樣一本日本素食餐廳指南呢？

有些人可能會覺得奇怪，在網上發布消息就可以了不是嗎？

因為在SNS上發布情報的時候，

多虧了粉絲們的反饋，我得到了很多建議，

這其中最重要的三點是：

①將整理好的情報更加便利化

　　雖然現在定期在網上發布了相關的情報，但是卻很零碎散亂。

　　如果能夠根據觀光地以及電車地鐵路線圖來整理素食餐廳的情報，

　　對於遊客的搜索會更加便利。

②這個餐廳的菜單有沒有含五辛呢？

　　日本和台灣對於素食的定義是不是不一樣呢？

　　這個餐廳的料理含五辛嗎？

　　像這樣詢問餐廳素食狀況的粉絲絡繹不絕。

　　日本和台灣對素食的定義確實不一樣。

　　所以有時候我無法肯定回答關於這些餐廳是否含有五辛等問題。

③速食或連鎖店也有素食嗎？

　　像這樣的詢問也有很多。

　　行程較多時，來不及去指定的素食餐廳用餐的情況。

　　飯店的早餐沒有提供素食的情況。

　　這個時候，大多數人都會選擇求助於速食或連鎖店。

　　我也想用這本指南書解決這方面的苦惱。

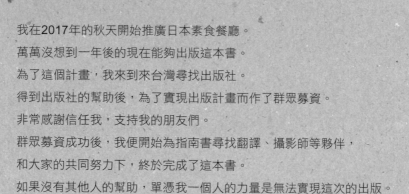

正因如此決定了出版這本書。

出版的歷程

我在2017年的秋天開始推廣日本素食餐廳。

萬萬沒想到一年後的現在能夠出版這本書。

為了這個計畫，我來到來台灣尋找出版社。

得到出版社的幫助後，為了實現出版計畫而作了群眾募資。

非常感謝信任我，支持我的朋友們。

群眾募資成功後，我便開始為指南書尋找翻譯、攝影師等夥伴，

和大家的共同努力下，終於完成了這本書。

如果沒有其他人的幫助，單憑我一個人的力量是無法實現這次的出版。

再次深表感謝。

在此特別感謝
素易 林紘睿先生．

雅書堂 詹慶和先生 蔡麗玲小姐 蔡毓玲小姐

山崎寬斗 Hiroto Yamazaki

作者
簡介

1994年出生。

Facebook粉絲專頁「日本素食餐廳攻略」的版主。

一個喜歡台灣的日本人。

大學的時候來到台灣旅行，因而愛上了台灣。

至今到台灣旅行已超過十次。

透過大學時兼任的導遊活動接觸到很多素食遊客，

自己也在潛移默化之下成了素食者。

這時發現來日本的外國素食遊客很多，但素食餐廳卻不易找到。

隨後開始在台灣以及華語圈中大力推廣日本的素食餐廳。

Facebook粉絲專頁

「日本素食餐廳攻略」

https://www.facebook.com/JapanVegeReataurant/

你的素是不是我的素？
關於吃素這回事

近年來歐美基於環境友善的減碳問題，以及關懷動物平權的影響下，掀起了一股拒絕食用動物性成分的蔬食風潮。然而包含印度和華人圈的東方素食，因著宗教而有不吃植物性的五辛等禁忌。以下將以中、英、日對照的方式，簡單介紹各式各樣的素食形態，以及相關小知識。

純素
＝東方素
＝Oriental Vegetarian
＝オリエンタルベジタリアン

因宗教不殺生的教條影響，規範嚴格的素食。不吃任何含動物性成分的食品，包括蛋、奶製品，並且禁五辛。氣味強烈的韭菜、洋蔥、蔥、蕗蕎與蒜頭統稱為五辛，亦稱五葷，被學佛修行之人視為容易影響情緒的修行障礙物，必須戒除。因此雖然是植物，卻不食用。

維根
＝五辛素
＝Vegan/ veganism
＝ヴィーガン

歐美風行的素食主義（維根），不吃任何含動物性成分的食品，包括蛋、奶製品，甚至蜂蜜等相關產物。但是對台灣等基於宗教吃素的素食者，等同五辛素。也就是不忌氣味強烈的韭菜、洋蔥、蔥、蕗蕎與蒜頭等辛香料。

蛋奶素
＝Vegetarian/
　Lacto-ovo-vegetarian
＝ラクト・オボ・
　ベジタリアン

同樣是因為宗教影響衍生的素食主義，不吃任何含動物性成分的食品，也禁五辛，但是基於符合不殺生的定義，將蛋、奶視為素食，因而允許食用蛋、奶製品。是一般人較容易接受的素食方式。

大自然長壽飲食法
＝Macrobiotic
＝マクロビオティック

常簡稱為Macro或Macrobi。Macrobiotic是由macro=廣大的、bios=生命的、tic=方法三個單字組成。主張不吃肉類、加工製品和白砂糖，食用糙米、全麥、豆類、蔬果、海藻為主。日本的玄米菜食、自然食、食養、正食、マクロビ、マクロ、マクロバイオティック，都是指這種素食。※基本上含五辛和少量魚。

彈性素／方便素／鍋邊素
＝Flexitarianism
＝フレキシタリアン

生活中盡量選擇素食，但如果條件不允許，也會食用非素食料理的半素食主義。像是僅初一、十五拜拜時吃素，或只挑料理中的蔬菜食用的鍋邊素，都是屬於這種類型。

清真素
＝Halal
＝ハラール

因宗教影響，規範嚴格的素食。清真飲食有著嚴格的認證制度，通過認證的食材和餐廳都會有Halal（合法·許可之意）標示。主要禁忌為豬肉（雜食性動物、食肉動物）與酒精，可食用水產、家禽（雞、鴨、鵝）、草食性動物（牛、羊、兔、駱駝等）。

印度教素食
＝Hindu Vegetarian／
Indian Vegetarian
＝ヒンドゥー ベジタリアン

關於素食的規定，印度素食者不同派別間差異很大。印度教教徒不吃雞蛋，但吃牛奶及奶製品；而耆那教徒可以食用奶製品，但不食用蛋製品、蜂蜜及任何形式的根莖食品與蔬果，例如蔥頭、大蒜和土豆等，更嚴格的耆那教徒，則以苦行的方式堅持素食，不僅戒蛋和牛奶，甚至戒大豆、食鹽等。印度南北也有差異，南部盛行嚴格的素食主義，連雞蛋和奶製品也不吃。

世界素食日
World Vegetarian Day

北美素食主義者協會於1977年設定，每年的10月1日為世界素食日。1978年，國際素食聯盟贊同這一主張，「為了促進歡樂、憐憫和長壽的素食主義的可能性」。它帶來了對道德、環境、健康，以及素食主義生活方式的人道主義優點的關注。在美國，每年約100萬人變成素食主義者。
──摘自 維基百科

世界無肉日
International Meatless Day

源起於印度的素食日，又稱「國際素食日」。1986年源自於印度的一個節日，定於每年的11月25日。當年就有超過950萬人響應該運動。

本書使用指南

店名，如為日文假名則附上羅馬拼音

料理類別
餐點素食種類

店家地址、電話、營業時間等相關資訊

以智慧手機掃描後，直接連結Google地圖上店家的所在位置。可進一步查詢交通路線。

東 京 食 素

Tokyo
Vegetarian
restaurant

東京
tokyo

銀座
ginza

神田
kanda

人氣推薦

01

東京車站裡的世界級美味

T's たんたん 東京駅京葉ストリート店
T's Tantan

擔擔麵／拉麵

五辛素　　　純素

　　T's Tantan位於JR東京車站的購物區京葉街（Keiyo Street），是一家超人氣的純素拉麵專賣店。從早上七點營業至深夜十一點，全年無休，不含奶、蛋及一切動物性素材與調味料的美味拉麵，隨時恭候來客光臨享用。T's Tantan在世界最大的點評網站Yelp，被選為東京所有觀光景點及餐飲店中最值得推薦的第九位，可見外國人的評價之高。而且一般日本拉麵店的客源八成為男性顧客，但T's Tantan卻有高達九成的客源為女性顧客和外國人，在日本非常少見。

道地的東京拉麵風味，素食拉麵 醬油口味780日圓，無五辛。

　　基本的素食拉麵為和風口味的醬油拉麵，若想試試異國風情料理，也可以選擇泰式瑪莎曼咖哩（Massaman Curry），或日式大豆唐揚炸雞塊。不介意五辛素的人請務必嘗一嘗人氣招牌──白芝麻擔擔麵。分量十足的推薦菜單則有：拉麵系列＆咖哩的組合套餐，或拉麵系列＆日式大豆唐揚炸雞蓋飯（五穀米）的組合套餐，無論質或量都讓人心滿意足。此外，麵的硬度亦可依個人喜好選擇。吃純素的旅客也不必擔心，只要在點餐時向店員表示要「Oriental Vegetarian（東方素）」就萬無一失了。想要痛快大吃的人請選「大盛（大碗）」。

　　第一次到東京車站的遊客請注意，這是一個極其複雜的車站，宛如迷宮般曲折複雜的路線，讓不少來了好幾次的人也陷入迷路的迴圈。請循著「京葉線」的標示，邁步前行。由於T's Tantan是車站內的人氣店，總是門庭若市，尤其週末假日更是客似雲來。午晚餐時段的11:30～13:30和18:00～20:00經常大排長龍，若行程匆促，請盡量避開這些時段。

1 店家位於東京站內的Keiyo street。
2 菜單全部皆為蔬食，吸引了很多外國遊客。

DATA

地址｜東京都千代田區丸の內1-9-1 東京車站 剪票口內 京葉Street
電話｜03-3218-8040
公休｜無
信用卡｜不可
營業時間｜07:00～23:00（L.O 22:30）
http://ts-restaurant.jp/
https://tabelog.com/tokyo/A1302/A130201/13124009/

人氣推薦

02

米其林必比登推介的純素拉麵

ソラノイロ NIPPON

Soranoiro Nippon

拉麵

 非素　 奶蛋素　 五辛素　 純素

　　JR東京車站八重洲口直通的地下街內有個拉麵激戰區——多家東京著名拉麵店櫛比鱗次的「東京拉麵街」，ソラノイロ NIPPON即在其中。在日本拉麵界開創素食系這股歷史性潮流的，正是ソラノイロ。不止如此，這也是一家連續三年進入東京米其林美食指南必比登推介（Bib Gourmand）的新世代拉麵名店。同時，其美味還引來廠商合作，推出了在全日本便利超商販售的泡麵。營業時間從早上8:30至深夜23:00，還免費提供手機充電的電源，對於整日在外觀光的旅客非常方便。

素拉麵900日圓，也是日本拉麵店菜單中第一個登場的純素拉麵。

1 可以品嘗到京都的人氣素食餐廳 vegans的豆乳素食冰淇淋350日圓。 2 位於JR東京車站八重洲口南口的地下商店街（東京拉麵街內）。

　　而招牌餐點的「純素拉麵（Veggie Ramen）」，最大的特色是採用ソラノイロ位於島根縣自家農場培植的有機胡蘿蔔作為高湯的主要材料，並且以不含五辛的蔬菜熬出類似法式濃湯的高湯湯底。搭配鮮甜蔬菜高湯的拉麵，是混入紅椒揉製而成的扁麵條，襯上地瓜、番茄、櫛瓜、高麗菜及押麥等當季蔬菜佐料，豐富多彩的視覺呈現令人驚豔，讓人忍不住拍照留念。除了標準的純素拉麵，奶蛋素食者亦可單點半熟蛋作為配料，小麥過敏也能選擇無麩質的糙米麵。此外，非素食的一般拉麵也非常好吃，陪同素食者前來的親朋好友請務必一試。

　　吃完熱呼呼的拉麵之後，以一客豆乳霜淇淋作完美收尾最理想不過。這款霜淇淋是京都著名純素餐廳「Vegans Restaurant&Cafe」的產品，以嚴選有機食材製成的無蛋奶美味甜點。希望大家來到東京，都能來嘗一嘗日本在全世界引以為傲的「純素拉麵」！

Point

享受美味拉麵的步驟

1・2・3！

1.趁熱先嘗一兩口原汁原味的拉麵精華——湯頭

2.加點桌上的蒜末（免費）

3.將柚子胡椒混入湯內

4.把湯全部喝盡，完食！

DATA

地址｜東京都千代田區丸の內1-9-1
　　　東京車站一番街地下拉麵街 八重洲南口直通
電話｜03-3211-7555
公休｜無
信用卡｜不可
營業時間｜8:30～23:00（L.O22:30）
https://soranoiro-vege.com/

好萊塢名人也愛光顧的九州拉麵

九州じゃんがら

Kyushu jangara

拉麵

 非素　　 奶蛋素　　 五辛素　　純素

從日本橋車站步行只需3分鐘,充滿懷舊風情的裝潢。

　　在東京擁有七家分店,以博多豚骨拉麵擄獲眾多人心的九州じゃんがら,除了道地的九州拉麵之外,也可以享用不含五辛的純素東京式醬油拉麵!這家拉麵店無論在日本或海外都獲得極高評價,也很受日本藝人的青睞。不僅外國遊客喜愛,連訪日的好萊塢名人也經常光顧,因而蔚為話題。

　　這裡受外國遊客歡迎的原因是對純素主義者十分友善,能全面配合需求,對東方素食者(純素)的需求亦非常理解。秋葉原、原宿、表參道、銀座、赤坂、日本橋、池袋,每家分店都有的「和風柚子鹽純素拉麵(Vegan Ramen)」,只要在點餐時表明「不要五辛」,店家就會為客人烹煮不加五辛的拉麵。湯底當然也是不含五辛的純素高湯。雖然菜單上只有一款能作成不含五辛的純素拉麵,但這絕對是喜歡日式拉麵的人不容錯過的滋味。

食量大的人可以點選白飯作成湯飯，不過，最佳選擇當然還是挑戰「替玉（加麵）」。根據日本九州拉麵的系統，麵是可以追加的。若想更深層的探究日本餐飲店的文化趣味，建議選坐吧台座位。觀察不同店家拉麵師傅揮灑廚藝的動感身姿，實為賞心樂事。

九州じゃんがら每家分店的生意都非常興旺，尤其是食客蜂擁而至的午餐時間（11:30～13:30）和晚餐時間（18:00～20:30），等候時間有長有短，想要節省時間的人請選擇相對清閒的時段前往。其實排隊享用也是另一種樂趣，時間與心情皆有餘裕的人不妨體驗一下。

1 只需1000日圓就能吃到的純素拉麵。
2 點餐時可要求去除五辛。

DATA

地址｜東京都中央區日本橋1-7-7
電話｜03-3281-0701
公休｜無
信用卡｜不可
營業時間｜平日10:45～23:30，週五10:45～23:45，
　　　　　六日假10:45～23:00
http://kyushujangara.co.jp/

洋溢舒適氛圍的自然派古民家咖啡館

マヌクー

Manu ku

自然食

非素　　五辛素　　純素

　　2018年4月，在洋溢下町風情的文字燒街——月島，出現了一家長壽飲食法Macrobiotic的咖啡館。在這裡，可以品嘗到以無農藥無化肥培植的有機食材烹調而成的家常料理。全店牆壁使用與古老城堡相同材質的灰泥，由店主的家人、朋友、夥伴合力刷塗。質感純淨的木頭與混麻灰泥牆設計，散發淡淡負離子能量，打造出一個讓人忘卻都市喧囂，療癒身心的空間。眼前充滿懷舊感的「BARBER」招牌蔓延著溫暖，一個人的時光無限靜好，幸運的話，還能與暖心店狗一起，笑看時間流淌。

1 週替換的玄米套餐1200日圓，使用當季有機蔬菜和豆類，附有湯品。
2 日替換的手作純素甜品值得期待，圖為無農藥紅豆豆乳奶油涼粉。

1 日替換的馬芬和磅蛋糕只需300日圓。
2 無咖啡因咖啡450日圓,深煎烘培的有機咖啡也非常推薦。

　　店主選用當季天然食材,不使用化學添加調味料,所有料理皆不含動物性食材、奶蛋與白砂糖。精心考量營養均衡的午間套餐──玄米菜食特餐(1500日圓含稅),每週四替換菜色,以土鍋炊煮自然培植的糙米配上豐盛的當季蔬菜,氣香味美,深獲好評。濃縮了蔬菜甘甜的湯品,溫柔滋味滲透全身,有些忠誠顧客甚至每日光顧。

　　在此也誠意推薦讓身體無負擔的美味甜點,不含白砂糖與蛋奶製品的天然米糠馬分杯子蛋糕(300日圓含稅),以及滴濾式手沖咖啡,皆是咖啡館的招牌品項。店內自助式取用的獨創野草茶也非常好喝,入口沁心,淡香回甘。此外亦販售有機紅酒、啤酒,維根零食等自然食品。

　　曾任職空服員的店主,經歷過空服員職場的勞累爆肝,因而漸漸領悟食物的重要性。費時費力用心烹調,提供的全是從小孩到長者皆能健康安心食用的自然派純手工料理。這位接待顧客的高手,不但有著笑容可掬的日式款待,英文應對也十分流利。

 DATA

地址｜東京都中央區月島3-11-12
電話｜03-5859-0847
公休｜週三、週四
信用卡｜不可
營業時間｜11:30～18:00
https://manu-ku.business.site/
https://www.facebook.com/Manu-ku-415716112215410/

發現東京鬧區最美味的鐵板燒

野菜居酒屋　玄氣
Yasaiizakaya Genki

居酒屋

非素　　奶蛋素　　五辛素　　純素

　　在辦公大樓林立的神田與大手町兩區之間，有著一間獨特的餐廳——由一對夫妻共同經營的超高人氣居酒屋「玄氣」。白天由店面一角的「あつんこパン」麵包店開始，由老闆娘親手發酵的天然酵母製作而成的麵包，吸引了許多附近的上班族，甚至還有不遠萬里繞道前來購買的忠實顧客。米粉麵包、酒粕葡萄乾麵包、貝果等，不含任何動物成分的維根麵包種類多樣，任由選購。無論是作為旅途中的零食，或贈送街坊鄉里的贈禮都很推薦。

　　傍晚開始搖身一變，化作居酒屋，古民家改造的店內設計獨特，每層樓各有特色。一樓設有兩種席位，一種是可以現場看見店主製作鐵板燒全程的吧檯席位，以及稍微架高的一般座席。二樓的會客廳則是團體客優先的多人聚餐席，脫下鞋子，踏上階梯之後，美麗的當季鮮花與工藝品構成了令人驚喜的空間。藝術氛圍濃厚的房間裡，陳列著各式各樣的日式工藝品與藝術品，帶來視覺上的享受。更上一層的三樓，宛如屋頂閣樓般別有洞天，空間不大卻恬靜安適。「玄氣」真可謂是「曲徑通幽處，禪房花木深」。

1 季節蔬菜的鐵板燒沙拉（純素套餐），以本旬有機蔬菜為基礎的料理。 2 前菜有醃漬茄子，天然手作番茄醬汁的番茄涼菜。

1 小青辣椒（不辣）、青椒、蘑菇、蓮藕的小菜（純素套餐）。 2 炒柚子胡椒椿芽（純素套餐）。 3 使用糙米粉和嫩葉的大阪燒，醬汁使用豆乳製成的美乃滋。 4 筆頭菜和青菜的醬油麵奶油煎炒。

　　大口吃下當日新鮮採摘、充滿能量的美味蔬菜、野菜，瞬間撫慰工作一日的疲累，再度活力充沛。從配菜到主菜，玄氣的好味道無不令人嘖嘖稱讚。使用糙米粉與嫩葉製作的無麩質大阪燒，讓更多有特殊需求的顧客也可以享受玄氣的招牌美食。加入當日的清新蔬菜、番薯、芋頭等爽口食材，配上豆乳美奶滋，這樣的獨樹一格的大阪燒，擄獲了大量消費者的心。招牌料理還有糙米炒飯等，如果幸運，還有機會嘗到當天限量的麵包。

　　既然是居酒屋，當然少不了酒！老闆嚴選的酒品豐富多樣，從啤酒、日本酒、燒酎、葡萄酒到水果酒，全都是特地挑選，少見且釀造嚴謹的美酒。同時也備有自家釀造的水果酒。咖啡則是以鐵鍋煮沸的水沖泡，富含礦物質的口感圓融有層次，值得細細品味。

DATA

地址｜東京都千代田區內神田1-10-5
電話｜03-3291-1213
公休｜無
信用卡｜不可
營業時間｜18:00～23:00，天然酵母麵包：週二至週五11:30～完售
http://yasaiizakayagenki.favy.jp/

東 京 食 素

Tokyo
Vegetarian
restaurant

新宿
Shinjuku

中野
nakano

人氣推薦

06

菜色多樣有如素食界的家庭餐廳

菜食健美

日式料理／西式料理／中式料理

奶蛋素　　純素

　　位於新宿徒步圈內，以韓國街聞名的新大久保有一家名為「菜食健美」的人氣素食餐廳。以身心健康為主旨提供的料理全部不含五辛，純素的菜品很多，部分蛋奶素餐點請在點餐時確認是否可改成純素。超過30種變化的菜品是菜食健美最大的魅力，拉麵、義大利麵、擔擔麵、炸素肉排咖哩、漢堡、丼飯，以及春捲和串燒等。豐富的菜系涵蓋了日式、西式、中式，因此在口耳相傳下吸引了許多客人。

 香脆的炸素肉排咖哩。 東京都內意想不到划算價格的味噌拉麵，780日圓。

1 寬敞的空間，可提供團體用餐。
2 可以在店內選購蕎麥麵或拉麵作為伴手禮。

　　雖然菜單很豐盛，性價比卻意外的高，吃一碗拉麵只需700多日圓，這是在新宿難以想像的庶民價格。最受歡迎的人氣菜品，是味噌拉麵和炸素排咖哩。配料豐富的味噌拉麵，使用獨家調製的香料讓味覺更上一層樓，肉燥般的濃郁香味讓人胃口大開。味噌拉麵含有雞蛋，如果不需要，點餐時註明即可。

　　分量十足的炸素排咖哩，外層酥脆內裡鬆軟，使用大豆作成以假亂真的口感。並且一同附上的茄子、南瓜、胡蘿蔔等蔬菜的分量也超乎想像。與印度的湯狀咖哩不同，日式咖哩更為濃稠。來新宿和新大久保的時候，別忘了安排前來菜食健美嘗一嘗美食！

　　除了料理，菜食健美的伴手禮區也備有非常豐富的商品。從各種植物性的蔬菜高湯素、咖哩塊等調味料，到速食拉麵、烏龍麵等即食商品。其中最推薦送禮自用兩相宜的蕎麥麵組合，結束旅行離開日本後，也能在家享受道地的日本風味喔！

 DATA

地址｜東京都新宿區百人町2-21-26
電話｜03-5332-3627
公休｜週二
信用卡｜不可
營業時間｜午餐11:00～15:00
http://daisho-kikaku.com/

人氣推薦

07

慵懶華美的西式素食饗宴

AIN SOPH. Journey新宿

西式料理

🍳 五辛素　　🍳 純素

　　AIN SOPH.目前擁有5家店,包括銀座本店、Journey新宿店、Soar池袋店、Ripple歌舞伎町店與Journey京都店,各具特色但口碑都很好。新宿店位於交通便利的新宿商圈,無論是從JR新宿還是地下鐵新宿三丁目車站出來,都是徒步幾分鐘即可到達。毗鄰喧鬧都市中知名的綠地新宿御苑,無論觀光購物都十分方便順道前來。

1 以西班牙海鮮飯為發想的風味素食料理S 1300日圓、L 1600日圓。 **2** 塔可飯1600日圓。 **3** 炸素肉排650日圓。

1 光滑細嫩的美味素食布丁650日圓。
2 匯集新鮮水果、豆乳鮮奶油與自製冰淇淋，搭配美味香甜的熱鬆餅1500日圓。

　　店名「Journey」的靈感來自於Back to your origin——回歸初心。藉由新鮮的蔬果和豐富的香辛料、香草，以及來自摩洛哥的餐具，讓來客在餐桌上有如置身一場奇妙的異國旅途。特色料理「紅蕃茄湯」，是店主在海外交換學生時期寄宿的素食家庭學會的。天然酵母烘焙的全麥餅捲上素肉與酪梨，就作成了墨西哥風味捲。此外還有咖哩、義大利麵、西班牙素海鮮飯（可去五辛）等多種異國美味，讓你盡情選擇。

　　AIN SOPH.也是引領素食甜品新時代的佼佼者，鬆軟滑潤、味道濃郁的起司蛋糕，是這裡的人氣蛋糕王。點綴時令蔬果與可食用花卉，光彩奪目，令人垂涎欲滴。完全不使用蛋奶製品完成的提拉米蘇與布丁，味道香醇鮮美，令人讚不絕口。若囿於時間，亦可外帶回旅館細細品嘗，店內的烘焙餅乾與和果子更是送給親朋好友的最佳伴手禮。

DATA

地址｜東京都新宿區新宿3-8-9
電話｜03-5925-8908
公休｜無
信用卡｜可
營業時間｜11:30～17:00、18:00～22:00（五・六至23:00）
http://ain-soph.jp/journey/

從農夫田間直達身邊的生命之源
Mr.Farmer新宿ミロード店

輕食／美式料理

非素　　奶蛋素　　五辛素　　純素

秉持讓蔬菜更好吃、希望大家多吃蔬菜的理念，被譽為「田園傳道士」的店主渡邊明創立了極具健康意識的「Mr.Farmer」。除了介紹的新宿店，還有表參道本店、木更津店、日比谷Midtown店和駒澤奧林匹克公園店。每一家都位置絕佳、交通便利，非常適合作為購物中或觀光時養精蓄銳的驛站。

菜單上盡是充分發揮蔬菜本身顏色與力量的料理，日常生活中容易攝取不足的維生素和食物纖維，可以在這裡獲得滿滿加值。單是欣

1 2 3 4 事先預約可提供純素不含五辛的套餐。

1 時令無烘焙蛋糕890日圓起。 **2** 時令水果布丁890日圓起。

賞嶄新又時尚的菜單，就已令人雀躍不已。純素飲食、無麩質飲食、運動員飲食等，以高健康意識飲食為目標的人或對飲食講究的人，都能在多樣化的菜單上找到心儀的選擇。

新宿店所在馬賽克小路，位於小田急和京王百貨之間，同時也是連結新宿西口與南口的通路。從早上9：00的早餐，一直營業到小酌一杯的晚上23:00，是個時間、空間皆便利的憩息之處。洋溢自由奔放感的店內設計，靈感來自美國西岸咖啡館，翠色欲滴的蔥鬱大型植栽，與桌上的菜色相映成趣。店內常備三種富含維生素的特色排毒水，只要是來客都能無限暢飲，非常貼心。以大量蔬果打成的蔬果昔，各有其效，可根據當下的身體需求，補足維生素。

這間不含五辛的選擇較少，若提前預定可以特別準備不含五辛的菜單。純素綠沙拉、五種鮮菇與花椰菜的沙拉等，醬料可以去五辛，點餐時請向店員註明。或者推薦下午茶時來吃點心，琳瑯滿目、魅力誘人的蛋糕，全是吃了也沒罪惡感的100％純素甜食。豆腐和胡蘿蔔的香草蛋糕、無加熱的熔岩巧克力蛋糕捲、蔬菜甜甜圈等，每一款都可愛得讓人想拍照炫耀。隨著時令蔬果推出新作，讓人每次前往都備感期待。何不點一杯有機咖啡，享受片刻怡然的時光。

地址｜東京都新宿區西新宿1-1-3 小田急新宿My Lord Mosaic通
電話｜03-3349-5731
公休｜無
信用卡｜可
營業時間｜09:00～23:00
https://mr-farmer.jp/ja/

潮流集散地的無添加素食老店

藥膳食堂 ちゃぶ膳
Chabuzen

中式料理／日式料理

五辛素　　　純素

　　以潮流古着和雜貨聞名的下北澤，是年輕人聚集的人氣街區之一，從渋谷、新宿前往都很便利。從下北澤車站只需徒步8分鐘，就能到達一家至今已營業十年的素食拉麵老店「ちゃぶ膳」。其實當初開店之時，提供的是使用了海鮮和肉類的一般拉麵。之後在純素和五辛素的需求下，漸漸開始捨棄料理中的動物性食材，最終在兩年前開始正式成為純素食拉麵店。

　　本店料理都是五辛素和純素，不含五辛的純素菜色選擇性很多：擔擔麵、咖哩飯、藥膳粥、炸雞、沙拉等。菜單上也很明確的標註了

以蔬果熬製出純素的招牌豚骨拉麵風味——龍骨拉麵。

洋溢著昭和氛圍的餐廳。

是否含五辛，不含五辛的料理會加上OV（Oriental Vegetarian）字樣，並且以一目瞭然的藍底區分，因此可以安心點餐。五辛素料理也可以在點餐時詢問，是否可以去除作成純素。此外，還能根據客人的喜好改變調味。在店長的心中，ちゃぶ膳是沒有固定食譜的，而是會根據客人的職業和出身地等因素，改變料理的調味。例如，體力勞動的客人在工作結束來用餐時，就會多加一些岩鹽，想辦法調節對方的身體狀況。

　　當ちゃぶ膳還是一般拉麵店時，人氣招牌是令人回味無窮的豚骨拉麵。改為素食拉麵店之後的招牌則是龍拉麵（ドラゴン拉麵），這碗重現豚骨拉麵濃郁噴香風味的拉麵，一入口就讓人不禁訝異「怎麼可能只有使用蔬菜！」其中的祕密，就是以有機糙米培養而成的萬用糙米酵母液。糙米酵母液不但能作出醇厚湯底，也能成為有益健康的美味奶茶，品嘗拉麵之後，何不來杯甜甜嘴呢！

DATA

地址｜東京都世田谷區代田6-16-20
電話｜080-6603-8587
公休｜週二
信用卡｜不可
營業時間｜12:00～15:00、17:00～23:00
https://food-therapy-diner-chabuzen.business.site/
https://www.facebook.com/chabuzens/

10

堅持全手作的台灣媽媽味

健康自然料理 香林坊

台灣料理

 奶蛋素　五辛素　純素

　　熟悉日本動漫或喜好玩具、模型的旅客，肯定會將中野站規劃進行程中。中野鄰近新宿，搭乘中央線快速只要一站就到，交通十分便利。香林坊所在地，就是位於JR中野站步行約5分鐘的日本次文化聖地「中野百老匯（Nakano Broadway）」，這個飄散著懷舊情調與文化氣息，饒富趣味的大樓裡，聚集了專營動漫畫、電影週邊、電玩、模型玩具、服飾、3C、百元商店等各種店鋪。

　　台灣素食餐廳「健康自然料理 香林坊」，就在這棟建築物的二樓。老闆娘麗安媽媽抱持著「為了讓更多人能夠品嘗台灣素食，並

1 中華湯麵以清爽湯頭搭配口味較重的醃芥菜等。**2** 香林坊的精進炸素肉使用香菇梗製作，配合香濃醬汁十分下飯。

1 位於JR中央線中野站附近的中野broadway二樓。 2 匯集日本次文化的中野broadway，販賣著各式動漫遊戲周邊。

且變得健康」這一念初心，遠從台灣來到東京這座繁華都會。憑著熱忱與毅力，三十三年來始終如一地耕耘不懈。以台灣料理為基礎的菜色，配合日本人的口味改得較為清淡，並且製成日式定食風格。從素排開始堅持手作，雖然費時費工，價格和東京其他素食料理相比卻非常親民。推薦料理有精進炸素排定食和每日定食、中華羅漢湯麵，以及單點的蒲燒豆腐。如果你想念台灣味，也有炒米粉和麻醬麵的定食可以選擇。

　　麗安媽媽在健康方面的知識非常博學多聞，很多日本顧客都打從心底尊敬這位和藹可親、不好高騖遠、只在自己能力範圍內竭盡全力的媽媽。此外，還有許多人追尋著「台式媽媽的味道」輾轉來到香林坊。跨越國界與宗教，來自英、美、法、韓、泰、印度等各國人士，都在香林坊找到一道道情意滿滿的台灣好滋味。

DATA

地址｜東京都中野區中野5-52-15 中野ブロードウェイ2F
電話｜03-3385-7005
公休｜週日、第三個週六
信用卡｜不可
營業時間｜11:00～15:00，17:30～20:00
https://tabelog.com/tokyo/A1319/A131902/13012857/

洋溢人文氣息的口碑咖啡館
Vege & grain cafe meu nota

無國界料理／咖啡館輕食

 五辛素 純素

　　從高円寺站出來後，穿過有著平民區氛圍的街道，步行約6、7分鐘就能看到vege & grain cafe meu nota這家餐廳。一路上經過許多具有歷史感的老店，有著和台北街道一般的風景，讓人不由得產生親近感。meu nota所在的巷道較為複雜，建議善用地圖或導航到店。

　　店面位於二樓，狹窄的樓梯入口處充滿未知，但只要鼓起勇氣，就會踏入令身心舒緩的美好空間。這一家不僅是素食者之間的口碑店，也深受普羅大眾歡迎。17:30開始提供不含五辛的菜單，菜單上都有明確標註是否含五辛，請安心點餐。十分推薦純素的「蔬菜椰子胡

無五辛的純素菜單讓人一目瞭然，也可以到店後再向店員詢問無五辛料理菜單。

午餐時段人潮較多，推薦十二點前到店可以不用排隊等待。

蘿蔔薑汁炒飯」，加入薑汁的椰子風味醬汁非常美味，搭配蔬菜和糙米炒飯，分量十足，是滿足感很高的料理。

除此之外，還有一種像煎餅的印度特色料理趴趴都，鬆軟的烤點心玄米餅、披塔餅、三種芋頭薯條、自家製的豆乳義大利起士番茄沙拉等，都是素食好菜。雖然現在素食的菜色品項比較少，但是由於來自台灣的東方素食者正在不斷增加中，因此店主正認真計畫著開發不含五辛的純素菜單，最近研究的項目是純素的天婦羅。或許讀者們前去之時，已經有更多選擇了！

東京縱橫交錯的電車路線中，JR中央沿線是增加最多素食餐廳的路線。中野、阿佐谷、高円寺、荻窪、吉祥寺都有不少有名又好吃的素食餐廳，沿著電車線路安排旅途也頗為有趣，不妨挑戰一下JR中央線的素食餐廳之旅吧！

 DATA

地址｜東京都杉並區高円寺南3-45-11 2F
電話｜03-5929-9422
公休｜週一、週二
信用卡｜不可
營業時間｜12:00～14:30、17:30～21:30（L.O 21:00）
http://meunota.com/top.html

東 京 食 素

Tokyo
Vegetarian
restaurant

渋谷
Shibuya

原宿
harajuku

廣尾
hiro-o

融入阿育吠陀生命科學的自然派印度料理

渋谷ミラン ナタラジ
Milan Nataraj

印度料理

 奶素　　 五辛素　　純素

Nataraj是一家講究食材的自然派印度料理店，自1988年設立第一家店以來，至今已有30年的歷史。除了渋谷店之外，在銀座、荻窪、原宿的表參道都有分店。不僅有英文版的純素菜單，還特地準備了不含五辛的菜單小冊子，而且不含五辛的菜色十分豐富。為了保證有機蔬菜的品質，分別在山梨‧蓼科‧南房設立了自家菜園。結合印度傳統醫療概念的阿育吠陀以及各種香辛料，為了世界各地的素食客人用心提供天然、健康的素食料理。

店內的咖哩主要以蔬菜與豆類為主角，印度烤餅Naan則是使用北海道產的小麥，經過天然酵母的發酵，加上炭火烘烤而成。此外還有將小松菜研磨成粉，揉製而成的純素烤餅。

1 根菜豆腐咖哩是有益健康的長壽飲食料理。
2 天然酵母製作印度烤餅漢堡680日圓，加50日圓可換成小松菜烤餅。

1 包含兩種咖哩、薑黃飯、烤餅、沙拉和甜點等8品的套餐，2180日圓起。 2 包含三種咖哩的10品套餐3480日圓起，銀座店則有內含四種咖哩的10品套餐3910日圓。

飯類料理主要使用的無農藥的糙米，油則是以傳統壓榨法提取的高級菜籽油。享受美味的同時，更基於健康的因素，讓人忍不住想要每天都吃印度料理。

　　渋谷店的午餐為吃到飽的自助餐形式，主菜的每日咖哩有四種，每天都不一樣，其他還包括炭火燻烤的奶油烤餅和純素的小松菜烤餅、薑黃飯、沙拉、小菜、甜點和咖啡、紅茶。只要1280日圓的價格，真的十分划算，也因此吸引了眾多注重健康的女性。晚餐時段為單點，菜單中詳細標註了辣度、純素、小麥和乳製品、堅果、蛋類、大豆、香菜等各種料理食材資訊，即使有過敏等飲食方面的限制要求也不必擔心。原宿店在週末也會提供自助午餐，可視行程就近前往。

 DATA

地址｜東京都澀谷區神南1-22-7 岩本ビル3F
電話｜03-6416-9022
公休｜無
信用卡｜可
營業時間｜11:30～23:00（L.O 22:30）
http://nataraj2.sakura.ne.jp/cafe3/

高雅時尚的美食＆視覺饗宴

8ablish

西式料理

五辛素　　純素

　　聚集世界尖端時尚潮牌的表參道上，距離車站步行3分鐘的「8tablish」，是模特兒和時尚界人士的首選咖啡廳。這家由設計事務所運營的獨特咖啡廳，摩登的外觀以及新潮的室內設計十分引人注目。不使用動物素材、白砂糖和化學調味料，並且自2000年創設開始就盡可能採用有機食材，近年來在健康意識高漲的風潮下，可以取得的素材也更加廣泛，已經進入可以搭配有機葡萄酒和日本酒小酌一番的美好境界。

1 時令蔬果色彩斑斕的沙拉盤。 2 人氣菜品是希臘料理的烤串。

1 香醇的冰淇淋是永遠的人氣甜品，以豆乳為原料，使用龍舌蘭糖漿增添甜味。2 隱藏菜單中的「無麩質馬芬」令人驚豔，每月推出不同的五種口味。

　　午餐主菜有四種，再選擇三種套餐組合，其中兩種主菜可以去五辛，請在點餐時說明即可。人氣推薦是希臘烤串（スブラキ），切成小塊肉的串燒是希臘的代表性料理，8tablish的希臘烤串，改以香菇、彩椒等季節性蔬菜，以及天貝和炸豆腐作為素肉代替。天貝是使用比普通還大一倍的大豆製作而成，吃起來比看上去還要有嚼勁。地中海風味的香料氣息撲鼻而來，讓人胃口大開。

　　來到8tablish千萬不能錯過美味的甜品，精巧美麗宛如藝術品的甜點，不僅好看，更是好吃。其中，無小麥馬芬是菜單上沒有的私房甜點，每月更換口味，共有五種。採訪期間為香蕉馬芬和藍莓馬芬等，佐料豆乳奶油也非常出類拔萃。大人風味的冰淇淋也是人氣品項，主要使用豆乳與帶有甜味的龍舌蘭，配料有八種可以選擇，其中最推薦香檸檬油，在入口即化的絕妙口感之後，是更上一層的美味新世界。

 DATA

地址｜東京都港區南青山5-10-17 Glanz Kisten 2F
電話｜03-6805-0597
公休｜週二　　信用卡｜可
營業時間｜午餐：11:30～14:30 L.O.
　　　　　晚餐：18:00～21:30 L.O，週日/假日18:00～22:00 L.O
http://eightablish.com/

人氣推薦
14

以維根之心帶來美味・美麗與友善的純粹時光

ORGANIC TABLE BY LAPAZ

美式料理

 五辛素　　純素

　　在時尚之城原宿・表參道地區，有一家個性鮮明的純素餐廳「ORGANIC TABLE BY LAPAZ」。餐廳老闆是一位著名的時裝設計師，考究的室內設計全部來自於店主親自DIY的成果。基於想讓更多人開心享受素食的想法，以Vegan Junk Food的方針提供純素的速食風料理。

　　走訪日本全國各地尋找最好的食材生產商，不僅蔬果從九州、奈良等知名的有機農家購入，調味料更是經過嚴格的精心挑選，親自與生產商一一見面，充分了解產品進行篩選。除了盡可能使用有機蔬果食材，更在

香氣迷人的醬汁及口感極佳的厚天貝素肉排，讓人留下深刻印象的照燒天貝漢堡。

1 從九州、奈良的著名農家購入食材，能感受到蔬菜天然甜味的Energy Salad。
2 時尚感十足，又讓人感到賓至如歸，友好熱情的店員說英語也OK。

意料理的製作過程，所有料理都是在店內廚房從零開始，連沙拉醬料和馬鈴薯泥都是自製，雖然花費更多時間心力，卻也帶來家庭般的手作溫暖。

招牌料理為照燒天貝漢堡（Teriyaki Tempe Burger）和能量沙拉（Energy Salad）。LAPAZ的天貝來自熊本縣，量身打造的口感富有嚼勁，搭配香氣濃郁的照燒醬汁，能讓人一口氣吃光。漢堡皆含有洋蔥，需要去五辛請在點餐時請向服務員說明。精選的食材也在品嘗時忠實呈現其美味，尤其是將調理手續減到最低的沙拉。能量沙拉出人意料之外的原始甘甜，讓人充分感受到蔬菜本身美味所帶來的震撼。以甜菜和甜酒混製而成的沙拉醬，帶來繽紛的視覺＆完美口感。

推薦飲品是豆乳拿鐵。使用獨家代理的Bonsoy，這款有著鮮豔黃色包裝的豆乳來自澳大利亞，店主一嘗之下驚為天人，經過多年不懈的努力，終於打動廠商，將這款夢幻豆乳代理進日本。店內亦有零售，機會難得，不妨順道購入。店內陳設處處顯現時尚風格，卻總讓人感到賓至如歸，英文流利的友善店員總是帶著燦爛的笑顏。結帳時還有拍照留念的服務，讓人不禁想要再次到訪的心情，正是LAPAZ最大的魅力所在。

地址｜東京都澀谷區神宮前3-38-11
　　　原宿ニューロイヤルビル 1F15號
電話｜03-6438-9624
公休｜週一、週二
信用卡｜可
營業時間｜11:00～19:00（L.O 餐點18:00，飲料18:30）
http://www.lapaz-tokyo.com/

講究美味且益於健康的素食料理

HANADA ROSSO

日式料理／美式料理

 非素　 奶蛋素　 五辛素　 純素

　　曾經參與企畫、經營過銀座「MAXiM'S DE PARiS」、六本木「PUB CARDINAL」等多間建構日本餐廳文化基礎的東京名店，以餐廳製作人為大眾所知的花田美奈子女士，生前傾力打造了這間冠以花田之名的長壽飲食法蔬食餐廳「HANADA ROSSO」。因病痛接觸到長壽飲食法，在食養之下漸漸好轉，但是嚴格的飲食限制讓嘗遍美食的花田女士感到索然無味。於是以長壽飲食法為基礎，講究色香味俱全的花田式玄米菜食就此誕生。

點餐時，可要求去除素漢堡的五辛。

從JR原宿站或地鐵明治神宮站走路只需7分鐘左右，是觀光時不錯的小憩之處。

　　從JR原宿站或地下鐵明治神宮站步行約7分鐘即可到達，無論逛街或觀光都可以順路來到這家店休憩用餐。HANADA ROSSO是少數認真開發研製不含五辛料理的東京素食餐廳。菜單上亦明確標示是否為東方素食，對台灣旅客來說非常方便。非常推薦這裡的午餐，其中不含五辛的品項有「車麩的芝麻味噌炸素排」、「日式唐揚炸素雞塊」，只有套餐的味噌湯含洋蔥，點餐時請說明要「東方素食」即可。

　　道地日式料理之外，美式速食風的漢堡亦令人讚不絕口，人氣招牌「原宿素漢堡」從漢堡排到淋醬全都是由蔬菜調理而成。晚餐時段才有的HANADA素漢堡，使用天然酵母與竹炭揉製的漆黑麵包配上厚實多汁素排與鮮蔬，美味且讓人印象深刻。漢堡類雖未標示不含五辛，但皆可要求去洋蔥之類的五辛，基本款醬料是素多蜜醬汁，亦可改為照燒醬。以自製果醋糖漿調製而成的氣泡飲或熱飲十分甜美自然，備有梅子、柚子、紫蘇三種口味，非常值得一試。

　　透過飲食法將體內多餘之物排出，在日本稱為「detox（排毒）」，提出這個概念的正是花田女士，最後在此引用她的名言：「真正重要的是，與其嚴格克制飲食卻無法堅持，不如長久持續地吃美味且健康的料理！」有機會請務必前往HANADA ROSSO品嘗美味又健康的素食料理。

DATA

地址｜東京都澀谷區神宮前6-28-5 宮崎ビル101
電話｜03-6427-5525
公休｜週一
信用卡｜不可
營業時間｜平日 11:30～16:00、17:30～21:00，
　　　　　六日假 11:30～21:00（L.O 20:00）
http://hanada-rosso.net/index.html

品味新鮮麥香包裹的豐美大地滋味

空と麦と
Sora to Mugi to

烘焙坊／咖啡館輕食

 非素·   奶蛋素  五辛素   純素

　　說到惠比壽的美味麵包店，馬上就會想到「空と麦と」這家烘焙坊。從JR惠比壽站和東急東橫線代官山站徒步都只要五分鐘，講究食材的店家甚至擁有自己的麥田，在天藍水清的八岳南麓北杜市高根町，用心栽培的無藥物化肥有機小麥香氣悠遠，只吃一口就難以忘懷。使用的蔬果、穀物皆來自值得信賴的有機農家，不時還在店面兼賣新鮮農產。其他有機果乾、堅果、天然海鹽、泉水等素材，也都是一一精選才採用。

1 架上排列著各式現烤出爐的麵包。2 從左至右依序為黑豆麵包、鹹豆麵包、白豆餡麵包。

1 除了麵包之外還能買到許多自然食品，以及有機栽培的蔬菜。
2 以八岳山中有機栽培的小麥為裝飾，呈現自然風情。

為了健康著想，負責人池田先生以最低限度酵母來製作麵包，若想直接品嘗小麥的美味，首推法式長棍麵包；由全麥和黑麥麵粉製成的法式鄉村麵包Pain de campagne，口感紮實富咬勁；加入發酵奶油的法式山形吐司Pain de mie鬆軟柔潤，作為早餐再適合不過。還有近年來以新興健康食物重現市場的古代小麥斯佩耳特，製作而成的小巧山形麵包Spelt pain de mie等，這些都大量運用了日本國產小麥，並且具體演繹了何謂Simple is the best。

樸實的歐式麵包之外，甜麵包也讓人難以抉擇！不如先來個人氣No1的黑豆麵包，在麵團中加入南瓜，包裹著大量自然香甜的丹波黑豆，祕傳的調味果然名不虛傳。夏季時，千萬不要錯過冷藏櫃中夾入當季果物的水果三明治，多汁甜蜜的水果搭配清爽鮮奶油，無論作為正餐還是下午茶都可以。

其他還有包裹了大量藍莓的藍莓麵包、有機橄欖果實的橄欖麵包、夏至秋季自家農園出產的南瓜麵包、番茄麵包等，因應季節推陳出新的品項，忠實傳達了來自大地的美味。因為實在太受歡迎，想吃要趁早買喔！店內備有座位，可以在這裡享用剛出爐的熱騰騰麵包，飲料可以選擇搭配有機咖啡、進口紅茶或鮮榨果汁。能夠立即品嘗香酥柔軟的出爐麵包，真是人生一大享受。

DATA

地址｜東京都澀谷區惠比壽西2-10-7
電話｜03-6427-0158
公休｜週日～週二
信用卡｜不可
營業時間｜10:00～19:00
http://www.soratomugito.com/

由內而外透出美麗的健康素食

Vegan cafe and Bar　Karons

無國界料理

五辛素　　　純素

　　從東急東橫線學藝大學站步行至商店街，只需要5分鐘左右就能看到一家以白色基調為主，明亮開放、充滿輕鬆愉快氣氛的餐廳。不太出現在觀光書裡的學藝大學站感覺很陌生，其實距離中目黑只有兩站，距離自由之丘也是兩站，正好位於兩地中間，近年來聚集了一些特色店而引人矚目。

夏日限定的冷擔擔麵，冬季則能吃到熱騰騰的湯麵。

身為營養專家的店主Kanoko小姐第一次在海外嘗到炸鷹嘴豆丸子時，那美味讓她難以忘懷，便決定將當時的美味重現於日本。店名中的Karons在希臘語中是美的意思，而店主運用專長設計的各種菜色，也都是考慮到營養均衡，對身體友好且有助美容的料理。

Karons可以根據客人的喜好來調整菜單，招牌菜油炸鷹嘴豆丸子拼盤（ファラフェルプレート）可以去掉大蒜，也可以將口袋麵包換成糙米飯。含有香濃奶油的美味蘑菇豆乳玄米燉飯（きのこの豆乳玄米リゾット），則是不含五辛的菜色。此外還有使用鷹嘴豆粉製作的蔬菜餅、餃子、擔擔麵、冷麵等無麩質的料理。人氣料理漬番茄，既像開胃小菜又帶著點心的感覺，一口咬下水嫩多汁的番茄時，米醋、紅糖與番茄在嘴裡迸出酸甜可口的清新風味。價格400日圓起，是因為會視番茄大小而略有浮動。

現烤的甜餅、豆腐提拉米蘇等多樣化的甜品令人開心，加入自製糙米甜酒的蔬果昔、蒸蛋糕，以及促進腸道保健的甜品和飲品都非常有人氣。料理和甜品都可以打包外帶，若經過時只是感覺有點餓，或想要在附近公園野餐，就可以選擇外帶熟食，隨時享用！這一家由營養專家特地打造，讓人感到隨意放鬆，為了美與健康而存在的咖啡廳，正等待您的到訪。

DATA

地址｜東京都目黑區鷹番3-18-3
電話｜03-6303-1807
公休｜週一
信用卡｜可
營業時間｜週二9:00～18:00、週三週四9:00～21:00、
週五週六10:00～19:30、週日假10:00～17:00
http://karons.favy.jp/

18

透過蔬果和超級食物的清新力量撫慰身心

Trueberry 表參道店

蔬果昔／果汁／輕食

五辛素　　純素

方便拿取食用的海苔卷式沙拉1000日圓，附有發酵糙米與濃湯的套餐為1400日圓。

2016年夏天，在表參道後巷一處幽靜小巷，開了一間以「All natural, VEGAN, Organic！」為主旨的雅致果汁店Trueberry。採用有機水果和蔬菜新鮮現榨的果汁、蔬果昔、百匯等，色彩鮮豔繽紛奪目，讓人情不自禁停下腳步，推開那扇色調溫暖的原木門。只有吧台座位的小巧店面散發著隨和氛圍，就算一個人入店也很自在。

嚴選日本國產無農藥食材，講究有機、無添加、無糖、純素。低速萃取讓人元氣滿滿的果汁，無論是在意健康美容，還是需要營養的孕婦、小孩都十分推薦。也很多有過敏體質的客人經常光顧。除了果汁，還備有多種純素輕食與健康養生甜點，是正餐之間補充能量的最佳選擇。

這裡的蔬果昔常備口味在20種以上，不只運用鮮蔬和水果，更大量使用了有益健康的超級食物（super food）。可以作成冰沙，也能選擇作成常溫品項，甚至還有數款暖呼呼的熱果昔，即使

1 依季節推出的時令輕食，秋冬還會附上暖呼呼的熱湯，有機蔬菜沙拉900日圓，含發酵糙米與湯的套餐為1300日圓。**2** 長岡式發酵糙米飯團300日圓加上味噌湯300日圓，亦可作為冬日裡的另類下午茶。

天氣轉涼，也能擁有一杯健康飲。依季節食材有著豐富多樣的組合，更能依當時的心情、身體狀況、天氣等自由選擇。猶豫不決時，不妨告訴店員自己的境況，請對方提供專業的建議。奇亞籽、亞麻籽、藍藻、枸杞、瑪卡、酪梨、堅果等12種超級食物，還能額外加購，添入蔬果昔中。

　　起念於對環境的愛心，Trueberry利用慢磨蔬果汁餘下的果菜渣，獨創多款咖哩、酵素玄米的飯糰、蔬菜海苔卷、湯品等為健康加分的美味輕食。可在店內享用亦可外帶，非常方便。除了表參道店，Trueberry在廣尾和中目黑都有分店，這兩家店配合在地習慣從早上8:00開始營業。一日之始，來杯新鮮現榨、真材實料的果汁或蔬果昔補充維生素，為身心灌注些許神清氣爽的能量吧！聽說還有遠道而來的外國旅客因為太愛這家店，於是直接在附近尋找下榻旅館呢！

DATA

地址｜東京都港區北青山3-10-25
電話｜03-6427-7088
公休｜不定休
信用卡｜可（單筆3000日圓以上）
營業時間｜10:00～19:00
http://trueberry.jp/

吃出健康腸道與水嫩肌膚的保養系蔬食

L for You

食品雜貨店／咖啡館輕食

 非素　 奶蛋素　 五辛素　 純素

　　從表參道車站穿過高級品牌店林立的主要道路，進入南青山街道之後，有很多品味時尚的服裝店和有趣的雜貨店。在大街小巷穿梭尋寶，進行愉快的購物後，請到有機咖啡廳「L for You」來坐一坐吧！寬敞舒適的空間，讓人感覺不到是置身於壅塞的大都市中。這裡的餐點，主菜皆有蔬食和非素的選項，所以也可以和親朋好友一起熱鬧地享用餐點。

店內陳列著產地直送的有機蔬菜，以及精心挑選的當地特色食品。

明亮乾淨令人感到舒適的咖啡廳。

L for You的L，是地點所在南青山的Local，也是人們生活中不可或缺的Love、Lucky、Life、Learn、Light、Like、Link的L。藉由這些關鍵詞積極傳遞來自地球和自然的恩惠、人類的重要性、愛情等信息，同時以安心食材和美腸健腸為中心擬定菜單，展開結合家庭食品雜貨和咖啡廳的複合性商店。

腸道健康不但能改善外在的水腫、膚況，還能提升免疫力，打造不容易過敏的體質。精選發酵食品、無麩質素材、食物纖維豐富的食材，製作成有益腸道環境的料理。午餐的蔬食拼盤主菜是素肉燥，加上沙拉和每日不同的2至3種小菜，主食可以選擇糙米飯或米粉麵包，還附上飲料。但因為國外流行的素食基本上都有含五辛的可能，點餐前請先詢問店家較好。人氣飲品則是自製的無農藥檸檬汁（冰or熱），清爽的酸味和檸檬香，能夠充分治癒和緩解購物後疲憊的身心。休息之後，不妨逛逛店內販售的各種飲料、調味料、點心零食等。

 DATA

地址｜東京都港區南青山3-9-3
電話｜03-6459-2504
公休｜無
信用卡｜不可
營業時間｜9:00～21:00
https://www.lforyou.tokyo/

一起享受既美味又快樂的Vegan生活

Vegan Cafe

無國界料理

 五辛素　　純素

　　位置絕佳的Vegan Cafe距離廣尾站僅3分鐘，比鄰有栖川公園入口。清爽明亮的空間以白色為基調，綠意盎然的店內擺放著各種風格的桌椅：三五成群朋友聚餐用的古董大桌、兩人相偎的沙發座、獨自一人也能輕鬆用餐的吧台區，配合顧客需求提供各種可能，而且吧台座還備有插座可供充電。

1 2 3 4 午餐自助沙拉吧提供豐盛的有機蔬食，只要1560日圓。5 Vegan café獨家特製，不使用蛋奶製成的法式吐司。

1 店內擺放了許多綠色植物來營造自然風情，同時也販售有機果汁、啤酒等。 2 來自義大利的32號素食可用啤酒，以標籤顏色區分，風味各有不同。 3 使用石川縣羽咋市糙米製作的Vegan壽司，午餐1200日圓，晚餐1400日圓。 4 自助午餐可隨個人喜好取用，天然鮮美的蔬果料理即使是非素食者也能大快朵頤。

　　健康食物既沒味道限制又多，而且很貴……店主創業的初心就是為了改變這種刻板印象，並且想讓大眾品嘗雖然無肉，但仍然有著肉類料理帶來的滿足感與飽足感，只有蔬菜卻無比美味的料理。為了推廣素食，Vegan Cafe午餐時段以自助餐方式供來客無限享用豐盛的天然有機食材。如此不敷成本的作法，源自一個單純的願望：因病痛開始接觸蔬食的店主與工作人員們，希望蒞臨的顧客能夠在每週挑選一天，漸漸將純素飲食帶入日常生活，讓承受壓力與吃下各種化學添加物的身體休息，變得更有朝氣更健康。

　　此外，Vegan Café還推出了日本最具代表性的食物──壽司，無論是以木薯粉製成的鮭魚卵，還是以椰果製成的烏賊，抑或是以素火腿製成的沖繩風午餐肉握壽司，在創意上或視覺味覺上都驚人神似又華麗炫目的蔬菜壽司，請務必一試。以豆腐和藜麥等特製而成的巨型漢堡排也非常推薦，可以選擇分量十足的夏威夷風漢堡排丼飯，或是以移動餐車參加各式活動的人氣漢堡Terra Burger。

 DATA

地址｜東京都港區南麻布4-5-65
電話｜03-6450-3020
公休｜無
信用卡｜可
營業時間｜11:30～21:00（週一至16:00）
http://www.vegan-cafe.jp/

讓生活更加繽紛多彩的健康輕食

marugo deli ebisu

蔬果昔／咖啡館輕食

 非素　　 奶蛋素　　五辛素　　純素

　　在JR山手線和地下鐵日比谷線的惠比壽站下車，步行不到500公尺的街道中，有一家招牌簡潔，僅以圓圈起數字5的輕食店。櫃台前堆著新鮮多彩的有機蔬果，後方是粉筆畫的菜單，一旁的架上則放滿了各種有機食品和零食等，明亮的陽光透過三角窗店面落入室內，莫名帶著美式的雜貨舖風情。

　　若能透過健康飲食讓身心得以健全平衡，想必世界也會更加平和。經營者抱持著這樣的想法，提供友善地球的料理，為孩子留下

1 料多味美的素漢堡650日圓。**2** 季節限定的草莓奶昔。

1 架上排列著獨家特製的黑炭麥片和店主特選的食品。 2 每天都有新鮮出爐的馬芬,圖為無麩質的甘酒椰子馬芬500日圓。

更美好的生活環境。主打品項為有機蔬果現打而成的果汁和蔬果昔,除了一般蔬果口味,還有益於健康的超級食物系列。比較特別的,是分量十足的「Smoothie Bowl」,一大碗的蔬果昔上鋪滿了各種組合的新鮮水果、堅果和奇亞籽、枸杞之類的超級食物,宛如喝的沙拉般,營養滿點又飽足!

　　輕食亦備有不使用任何動物製品的豆芽天貝漢堡(可去五辛)、天貝三明治、糙米飯糰,方便素食者們選擇。若是旅途中在此休憩,坐下享受一杯咖啡的午茶時光,可搭配純素冰淇淋或百匯等冰品。或店主每天精心製作的各式馬芬,以甘酒作為甜味劑,是富含植物蛋白、礦物質、ω-3脂肪酸的有機甜點。無論是香蕉還是抹茶口味,都是深受來客好評的人氣商品。針對小麥過敏者,也推出了無麩質的米粉椰子、甘酒椰子、甘酒巧克力馬芬,嚴選健康食材製作而成的美味,絕對不虛此行。

DATA

地址｜東京都澀谷區惠比壽西1-17-1
電話｜03-6427-8580
公休｜無
信用卡｜不可
營業時間｜9:00～20:00、週日10:00～20:00
http://www.maru5ebisu.jp/

網羅全日本美味有機蔬菜的蔬食坊

LONGING HOUSE CAFE 神宮前

沙拉吧／西式料理

 五辛素　　純素

　　「LONGING HOUSE」是位於長野避暑勝地輕井澤的飯店，以信州當地的農產提供精緻美味的料理。從法國回來的料理長注意到有益健康的蔬食料理後，不辭辛勞從南端沖繩到北海道都跑遍，親自尋找風味絕佳的有機蔬菜農家。令人驚豔的天然鮮甜立刻一傳十，十傳百。如今在東京也有分店，可以就近享用料理長嚴選的絕佳蔬食。其中，神宮前分店是唯一一家提供全蔬食餐點的分店。鄰近的北青山店則是餐酒館，僅少數餐點與甜點為素食。

1 蔬菜自助沙拉吧單點1500日圓，點餐加購時只需950日圓即可享用。 2 色彩豐富，含有大量蔬菜的三明治1030日圓。 3 以真空榨汁機製作的蔬果昔，M 950日圓、L 1500日圓。

 由許多時令蔬果製作而成的甜品 650日圓起。

　　LONGING HOUSE CAFE神宮前位於表參道Hills的恬靜住宅區，無論是從明治神宮站還是表參道站，步行都約5分鐘即可到達。最值得推薦的，當屬午餐時段的蔬菜沙拉吧，僅需1500日圓就可以品嘗到來自日本各地的有機蔬菜，以及4種由不同蔬菜熬製而成的淋醬。佐以松茸與輕井澤菌菇的豆乳義大利麵，也是這間餐廳獨有的一大亮點，這道菜可以去五辛，再加價200日圓可變更為無麩質套餐。以大豆製成的素排，口感同樣Q彈有咬勁。

　　針對女性打造的蔬食咖啡館，怎能少了甜點！來自長野縣的蘋果塔、淋上豆乳鮮奶油的蔬果百匯、南瓜＆豆乳巧克力百匯、輕井澤大黃佐綜合莓果蛋糕、提拉米蘇、豆乳布丁等，全都不使用白砂糖，卻帶來一番別致滋味。在真空環境下刨製的蔬果昔冰沙，不因氧化而流失維生素，達到口感與營養雙全，徹底解放蔬果中美膚與促進代謝等效果。品嘗美味甜點後，鄰近的原宿則是消食閒逛的最佳選擇。

 DATA

地址｜東京都澀谷區神宮前4-22-9
電話｜03-6433-5808
公休｜不定休
信用卡｜可
營業時間｜11:30～19:00（L.O 18:30）
https://www.longinghouse.com/no.2/jingu/

以嚴選鮮蔬與純手工打造家常好味道
Oso-zai Café　vegebon

日式料理／家庭料理

五辛素　　純素

　　位於駒澤大學站的vegebon，店名靈感來自「要多吃蔬菜喔＝Vegetable, Bon appetit!」的冀望。身兼瑜珈導師的店主，以富含生命力的當季蔬菜和糙米，烹調各式家常料理，一心一意為來客獻上能夠成為生命之源的料理。100％純手工、無化學成分的溫柔心意，讓人吃得安心又放心。vegebon優先選用傳統製法的調味方式，重視發酵的力量，自製納豆、糙米酵母液、甘酒、酵素糙米等食品，不但為料理增添層次，同時也利用好菌的力量來清潔腸胃，提高免疫力。以來自山形縣的有機栽培米「澤之花」，與女性農家種植的無農藥無化肥有機蔬菜等，料理出讓人驚嘆的美味。

1 2 菜色天天不同的純素午間套餐附湯1200日圓。

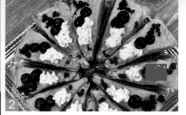

1 以時令有機蔬菜製作的午間套餐，亦有可外帶的便當形式980日圓。 2 每天不同的手作甜點，令人懷抱著期待前往，宛如小小的驚喜400日圓起。

vegebon的維根午間拼盤，使用當季鮮蔬作出每日不同的5、6品小菜，搭配糙米飯，並且附湯。既然是咖啡館，當然也少不了甜點，莓果蛋糕、檸檬塔、李子塔等全素甜點。每日便當、小菜、糙米飯、甜點，皆可視需求外帶。無論內用或是在附近的駒澤公園享用，都別有一番風味。店內座位不多，且人力不足，餐點供應數量有限，若是行程已定，最好事先預約內用人數或外帶分量，以免向隅，需要去五辛也可先行說明。

笑容迷人的店主由美子，約莫十年前曾旅居台北三年，在中山北路和天母東路附近從事美容相關工作，中文也非常流利。最喜歡的台灣食物是：菜包、芋頭包、清炒百合、簡單的香菇青菜炒米粉、燒仙草、豆花。連臭豆腐這種味道強烈的發酵食物，她也一臉懷念地笑著說，雖然有點臭但意外地很好吃呢。愛用鹽、薑等來調味，也愛炒青菜，可能因為「在台灣常吃」，食物的記憶已經滲透到身體裡了吧？請務必來嘗一嘗，這些帶有台灣魂的日式家常菜。

DATA

地址｜東京都目黑區東が丘2-13-8
電話｜03-6450-8846
公休｜週二～四
信用卡｜不可
營業時間｜12:00～19:00
https://vegebon.com/

渋谷‧原宿‧廣尾

享受大快朵頤的男子漢素食堂

なぎ食堂
Nagi shokudo

日式料理

🍳 五辛素　🍳 純素

　　2007年底開始營業的なぎ食堂，可以算是東京素食餐廳中的老字號了。正巧位於坡道轉彎處下方的店面，宛如祕密基地。洋溢著生活感的店內空間不大，彷彿只是走進朋友家的氛圍，卻吸引了許多外國人聚集於此，雖然是素菜卻有著以假亂真的口感，以及即使是男性也能飽足的性價比和分量，正是其大人氣的祕密。

　　店主小田晶房先生原本是音樂雜誌的編輯，也認識不少素食者的音樂家，但是當時卻沒幾家可去的餐廳。為了想要擁有一個可以聚集親朋好友

每日套餐A定食可以從中選擇三種喜歡的なぎ菜品，並且附米飯和味噌湯。

1 人氣料理なぎ咖哩套餐1550日圓。 2 冬季限定的粕汁定食1200日圓,夏季則是涼爽的冷汁。

一起大快朵頤的空間,於是毅然決然打造了這間以男性為主要客層的素食食堂。從日本傳統的調味料到各國香料都有使用,創造出豐富多彩的男子漢菜餚。讓人忘記是在吃素,無論何時都不會感到厭倦的好味道,甚至還因此出版了食譜。

　　若想品嘗豐盛菜色,請務必選擇なぎ定食,去五辛請於點餐時告知。A定食為大豆唐揚雞塊佐新鮮沙拉,每日小菜三品,加上糙米飯與味噌湯。B定食的主菜比較特別,夏天是九州宮崎的代表性鄉土料理「冷汁」,冬天則是關西神戶一帶的家庭料理「粕汁」。大人氣的C定食,是道地的南印度甜口咖哩,以柔和的蔬菜椰汁咖哩,搭配沙拉和美味的炸大豆素肉排。營業時間較晚,酒單也十分豐富,是想要小酌一杯時的好去處。

 DATA

地址｜東京都澀谷區鶯谷町15-10
電話｜03-3461-3280
公休｜無
信用卡｜不可
營業時間｜12:00～16:00（L.O 15:00）、18:00～23:00（L.O.22:30）
https://www.facebook.com/nagishokudo/

東　京　食　素

Tokyo Vegetarian restaurant

池袋
Ikebukuro

早稲田
waseda

古民家風的時尚咖啡廳

Cafe VG

咖啡館輕食／美式料理

奶蛋素　　五辛素　　純素

　　從早稻田車站徒步兩分鐘即可到達的「Cafe VG」，是一家提供素食並具有日本古民家風味的咖啡廳。平時也是早稻田大學學生們的聚集地，無論三五成群的好友歡聚，或是獨自一人都能放鬆的開放式的空間。內部裝修由店主親自設計，從零開始改造的古民家，成功營造了古老卻不失活力的獨特氛圍。

　　身為日台混血的店主雖然在美國長大，但是卻在台灣人祖母的影響下，成長於習慣茹素的家庭。居住於美國時一直懷抱著「想要擁有一家咖啡廳」夢想的店主，終於在五年前毅然辭去朝九晚五的工作，開始經營Cafe VG。

含有八種季節性蔬菜的純素墨西哥捲餅，可以品嘗到當令最鮮美的滋味。

　　主要提供的菜色有塔可飯、奶汁烤菜、漢堡、墨西哥捲餅，其中最推薦的是塔可飯和玉米捲餅。能夠提供素塔可飯的餐廳出乎意料的少，所以常客很多。甜辣醬和食材的完美結合，幾乎不會讓人感到大豆製成的「肉」有何不同。「讓第一次吃素的人能夠享受到素食的樂趣」是店主的宗旨。因此，有些人甚至是常客都沒有發現這其實是一家素食餐廳。點餐方面需要注意的是，由於部分料理使用了洋蔥，因此若是需要不含五辛的純素料理，請在點餐時特別註明。墨西哥捲餅則是從下午茶時間（14:30～）開始供應。

　　這也是一家寵物友善餐廳，一入店就會有三隻可愛的店狗出來迎接，攜帶寵物入店也OK。在毛茸茸狗狗的暖暖治癒下，品嘗完美滋味的素食，享受一段愜意時光吧！

1 素塔可飯1000日圓。
2 愛狗一族的店主特地蒐羅了十分別致的狗狗馬克杯。

DATA

地址｜東京都新宿區西早稻田1-1-8
電話｜03-6233-9358
公休｜週日
信用卡｜不可
營業時間｜週一～週六 10:00～22:00（L.O 21:00）
http://www.cafe-vg.com/

貓咪藝術品環繞的無麩質食品專營店

Where is a dog?

有機／無麩質輕食

 非素　 奶蛋素　 五辛素　 純素

　　這間位於早稻田街道上的無麩質食品店，不大的空間隨處可見裝飾用的貓咪藝術品，店名卻詼諧的取為「Where is a dog？」為了因各種過敏源所苦，或是追求健康飲食生活的人們，以「安全健康・自選時代」為宗旨，不僅蒐羅眾多無麩質食材，更提供不使用肉類的蔬食與不使用乳製品的美味素食料理，讓顧客依據喜好自由選擇。

　　許多對小麥過敏的客人，之所以不遠千里自海內外前來光顧，為的就是上午11:00新鮮出爐的無麩質米吐司，以及來自澳洲大地孕育的天然野生香草茶。使用當日現烤米吐司製作、用料豐富的三明治，以及精心挑選的各式飲品皆可輕鬆外帶，方便時間不充裕的顧客。

　　內用菜單品項豐富，價格也很划算。將大豆素肉、藜麥、香菇一同熬煮的素肉醬淋在蔬菜上，就是一份色香味俱全的「季節時蔬絢彩蓋飯」。甜點也有許多選擇，使用多種水果佐自製豆乳鮮奶油的鬆餅、蛋糕等，看起來繽紛誘人。若是想小酌一杯，這裡亦

提供無麩質啤酒與有機紅酒，下酒的小菜佳餚多樣可口，可以度過一個悠閒的晚餐時光。

除了內用外帶的餐點，店內亦販售各種有機＆無麩質食材，冰櫃裡有著冷凍米粉麵包、純素奶油、調味淋醬。陳列架上的各色無麩醬油、餅乾點心、鬆餅粉更是琳琅滿目。還有名為「OUTBACK SHEF」系列的在地香草與香料可以選購。而且隔壁就是一間名叫「早稻田自然食品中心」的食材店，匯聚各種新鮮有機農作物，能夠一次買齊食材，是個令人喜出望外的好去處。

 DATA

地址｜東京都新宿區喜久井町52
電話｜03-6205-9750
公休｜週一，第二和第四的週二
信用卡｜可US‧Master‧Visa
營業時間｜週二到六11:00～21:00，
　　　　　週日11:00～18:00
https://glutenfree-restaurant.com/
restaurant/where-is-a-dog/?lang=ja

1 每天早上新鮮現作的無麩質三明治。**2** 使用豆乳鮮奶油和新鮮水果的繽紛鬆餅880日圓。**3** 每天11點準時出爐的無麩質麵包，是早晨的明星商品。一斤1280日圓，1/2斤680日圓。

漫步早稻田

北海道おはぎ　よしかわ
Hokkaido Ohagi Yoshikawa

鄰近處有一間名為「北海道おはぎ　よしかわ」的傳統日式點心店，おはぎ的漢字寫作「御萩」，又名萩餅或牡丹餅，是一種以紅豆沙包裹飯團的點心，紅豆沙通常微甜而帶有鹹味，十分別致。製作御萩超過六十年的よしかわ，嚴選北海道紅豆與甜菜糖熬製的紅豆沙與黃豆粉等食材。御萩為現點現做，適合外帶作為散步時邊走邊吃的小點，歡迎前往一試。

 DATA

地址｜東京都新宿區西早稻田2-1-7
公休｜週日
營業時間｜11:00～17:00
http://hokkaido-ohagi.com/

////////////

東　京　食　素

Tokyo
Vegetarian
restaurant

////////////

六本木
roppongi

在開放明亮的老店大啖蔬食＆甜點

eat more greens

咖啡館／美式料理

 非素　 奶蛋素　 五辛素　 純素

　　在六本木附近，帶著大人優雅風情的街道——麻布十番，有一家宛如置身紐約街頭的開放式人氣咖啡館。這家經營了十一年之久的老咖啡廳名為「eat more greens」，正如其店名，為了讓人們吃到很多美味的蔬食而存在。有著寬敞的露台席位，寵物和嬰兒車都可以入店，因為地處國際化的街區，是各國來客的人氣聚集地。愜意的開放感讓人忍不住想要在此迎著微風，小歇片刻。

　　先前是一家純素的咖啡廳，但是最近菜單中開始加入一些含有動物性的料理，方便讓更多的人們能夠愉快地在一起享用健康的美食。正因為是一家成熟的素食老店，所以了解純素、五辛素以及食物過敏等各種飲食上的需求，擁有十分良好的對應措施。

1 黑豆十穀玄米的素食塔可飯1280日圓。 2 週替換的特別午餐義大利麵 1280日圓。

1　2

1 純素甜品的選擇也有很多，使用栗子、南瓜、紫芋作成的兩種蒙布朗皆為700日圓。 2 數量限定的大人氣蘋果派830日圓。 3 巧克力蛋糕700日圓，其他還有無麩質的米粉馬芬等甜點。

　　餐點菜單依四季時節更換，無論主要食材為何，分量十足又多彩的新鮮沙拉總是牢牢占住最佳配角的位置。招牌午餐的素食塔可飯，使用高野豆腐和堅果作出濃郁風味，搭配多樣清脆蔬果和黑豆十穀玄米。還有沙拉＆湯的組合餐，以及咖哩、義大利麵等本週特餐，套餐均附湯品與飲料。營養又飽足的午餐只要1300日圓左右，非常實惠。

　　更令人欣喜的是，eat more green豐富多樣的純素甜點！使用奶油的大尺寸蘋果派魅力無窮，香脆的外皮包裹著飽滿可口的蘋果餡，在加上肉桂的香氣，熱騰騰的甜品有著雷打不動的人氣！隨著秋季來臨，季節性限定的南瓜派即將登場。含有濃郁奶油的純素紫芋蒙布朗和南瓜蒙布朗均是無麩質甜點，小麥過敏者也能食用。也很推薦巧克力奶油蛋糕、使用小麥的純素馬芬等，不管吃到哪一款都是幸福的美味。甜品、塔可飯等均可外帶，在人群中感到疲憊時，不妨來這家店稍作休憩吧！

DATA

地址｜東京都港區麻布十番2-2-5
電話｜03-3798-3191
公休｜年末年初
信用卡｜可
營業時間｜11:00～23:00
http://www.eatmoregreens.jp/about-us/

以世界觀打造大口滿足的純素漢堡

Veganic to go

素食料理／有機料理

 五辛素 純素

　　外企和時髦咖啡廳雲集的六本木，也是許多時尚潮流素食餐廳的聚集地，其中最有人氣的正是Veganic to go。身為料理研究家的店主，曾經進行過一次環球旅行的聖地巡禮。在這個過程中，他發現因為宗教信仰或疾病等原因，於是有某方面飲食禁忌的人們，和親朋好友們一起用餐時常常感到內疚。因此誕生了創立「世界上任何人都能來用餐的地方」的想法。無論是純素食者、清真教徒還是麩質過敏者都能同時在Veganic to go品嘗美味的料理。

1 含有厚實天貝和炭烤麵包的漢堡。 2 配菜是以大豆素肉製作的迷你蓋飯。

　　從Veganic這個名字應該能夠想像得到，本店除了百分之百的純素餐點之外，使用的素材有百分之八十都是有機食材。菜單中的OV（Oriental Vegan）標記，代表無五辛的東方素，當然，沒有標記OV的料理也可以在點餐時向店員詢問是否可以去除五辛，餐廳會儘可能滿足要求。店員全部都是素食者，英文溝通也完全沒問題。

　　這裡最具人氣的餐點，就是分量十足的純素漢堡。香噴噴的麵包夾上爽脆口感的蔬菜，以及一口咬下去就能感受到鮮嫩多汁又有咬勁的素肉餅！如此美味的素肉餅由天貝與白蘿蔔完美結合而成。富含碳成分的麵包，則具有一定的排毒效果。甜點推薦豆腐芝士蛋糕，是主餐純素漢堡後的完美句點。有時間內用當然很不錯，但是如果行程緊湊，或想要在景色優美之處野餐，選擇外帶更是個好主意。六本木周圍有很多公園綠地，一邊用餐一邊欣賞自然與現代高層建築交錯的景色，也是一個不錯的選擇。

DATA

地址｜東京都港區六本木7-4-14
電話｜03-6434-0211
公休｜無
信用卡｜可
營業時間｜週日～週四11:30～17:00（L.O 16:30），
　　　　　週五、六11:30～21:30（L.O 21:00）
http://25.veganic.jp/

東 京 食 素

Tokyo
Vegetarian
restaurant

上野
ueno

浅草
asakusa

秋葉原
akihabara

匯集頂級香料的100%印度素食

VEGE HERB SAGA

印度料理

 奶素 五辛素  純素

　　身兼印度占星術師、珠寶商、香料等印度食材批發商的老闆本身持素，在日本卻經常吃不到符合需求的素食，所以動念乾脆開一家能夠滿足鄉愁的美味餐廳。親自從印度聘請廚藝高強的廚師，打造出這家匯集正宗南北印度料理的百分百完全素食餐廳。所謂印度式的完全

曾被電視節目報導，稱讚為日本印度咖哩料理店排名前三，實力堅強的餐廳。香料十足的印度炒飯是定番人氣料理。（左上）。秋葵茄子咖哩（左下）和馬鈴薯豆子咖哩（右上）組合也十分推薦。

素食，是除了乳製品以外不含其他動物性食品的素食料理，並且也不提供酒精類飲料。

　　菜單擁有超過120道菜品的選項，米飯料理也非常多元，相信來自各國的素食旅客都會感到欣喜。美味的祕訣則是在於老闆親自嚴選的香料，這裡使用連在印度都是極其珍貴稀有的頂級香料，不僅為料理釋放出高雅的香氣與絕佳風味，亦具有強身健體和滋養美容的功效。喜愛咖哩的朋友絕對不能錯過平日的午間套餐，可以從每日不同的六種咖哩任選二至四種，香濃開胃再加上香Q烤餅或米飯，飽足又幸福！

　　配合顧客的習慣與偏好現點現作，也是Vege Herb Saga的特色之一。新鮮熱騰又不會對胃造成負擔。無論是蛋奶素、五辛素還是純素等東方素食者，皆能隨客應變。請將個人需求告知店員，讓他們為您特製一份專屬的美味。從老闆到員工，每一位臉上都帶著陽光般的燦爛笑容，親切熱情地接待顧客。聽聽占星師老闆暢聊天南地北，享受一段趣味盎然、歡樂滿溢的餐桌時光吧！

地址｜東京都台東區上野5-22-1　東鈴ビルB1
電話｜03-5818-4154・090-1818-6331
公休｜無
信用卡｜不可
營業時間｜11:15～15:00（L.O 14:30）、17:15～23:00（L.O 22:30）
http://vegeherbsaga.com/

在餐桌上感受友善的世界大同
SEKAI CAFÉ 淺草店

無國界料理

 非素　　 奶蛋素　　 五辛素　　 純素

　　秉持著「即便因宗教、理念、過敏等飲食限制的人也能愉快享用」的理念，Sekai Cafe不僅提供素食，也提供清真飲食。針對食物過敏等各種特殊的飲食需求，也有對應的菜色。讓世界各地的人們都能夠圍繞著餐桌愉快的用餐，正是店名Sekai Cafe（世界咖啡館）所代表的意義。

大豆素肉搭配色彩豐富蔬菜的素食漢堡「風神」900日圓。

世界咖啡館的兩家分店都位於交通十分便利的熱門觀光景點，押上店比鄰東京晴空塔，本書介紹的淺草店，則是位於距離雷門不到一分鐘的黃金地點。從著名地標雷門進入仲見世通，步行50公尺後左轉即可到達。對旅客友善的Sekai Café，店內必有英文流利的店員值班，也備有免費無線網路，每個座位都設有電源插座等種種方便旅客的貼心考量。

人氣推薦是淺草漢堡「風神」，使用豆子與豆腐製作的素排鮮美多汁，也能選擇去五辛。單點漢堡對男性來說分量可能稍微少了點，加上薯條或沙拉的套餐就完美了。其他還有披薩、豆乳布丁、當季水果甜點等。菜單上都有清楚的註明，蛋奶素會標示N/M，五辛素則是V字樣，如需去五辛，請在點餐時詢問要求。無論是悠閒享用午餐或是觀光途中匆忙果腹都非常適合，推薦給想在有限時間內多逛幾個觀光景點的旅客。

DATA

地址｜東京都台東區淺草1-18-8
電話｜03-6802-7300
公休｜週三
信用卡｜可
營業時間｜09:30～20:00（五、六至22:00）
http://sekai-cafe.com/

坐看河景享受元氣滿滿的能量蔬食
ASICS CONNECTION TOKYO

咖啡館輕食

五辛素　　純素

　　在人流如潮的淺草，由著名運動品牌ASICS亞瑟士經營的素食咖啡館，就位於淺草寺對岸的隅田川邊。不遠處就是晴空塔，如果計畫從淺草寺前往晴空塔遊玩，這裡恰好是稍作休憩的最佳順遊去處。這座運動會館有著許多室內外健身課程，並且結合輕食咖啡館，以美味蔬食讓運動後疲憊的身體重獲活力。

鋪滿色彩豐富蔬菜的Vegan Pizza1100日圓。

1 風景絕佳的隅田川邊露天座位。**2** 從淺草寺徒步可到,清新氛圍適合午餐或下午茶的小憩時光。**3** 可外帶,推薦從淺草散步到晴空塔時外帶就食。

　　比起大快朵頤的飽食,ASICS CONNECTION TOKYO的咖啡館主打方向鎖定在健康輕食。主食有VEGAN PIZZA和SPICY SALAD WRAP兩種。獨家特製的披薩以豆乳和堅果作為餅皮般的基底,灑上純素的香濃起士與新鮮蔬菜,組合出完美風味。使用大量新鮮蔬菜佐以特色醬汁的沙拉,吃起來清爽可口又有飽足感。

　　若是逛累了,亦可來此享受午茶時光,由當季蔬果製作而成的甜菜塔、蛋糕、馬芬、甜甜圈等,繽紛誘人。其中抹茶口味的鬆餅最具人氣,再來一杯現打蔬果昔將徒步的疲憊一掃而空吧!除了有機咖啡,這裡自製的氣泡飲也值得一試!

 DATA

地址｜東京都墨田區吾妻橋1-23-8先 1F
電話｜03-5637-7706
公休｜無
信用卡｜可
營業時間｜平日10:00～21:00、六日09:00～18:00
https://www.asics.com/jp/ja-jp/asics-connection-tokyo

造型可愛又天然的好味烘焙點心

Guruatsu

烘焙坊／馬芬／司康

 五辛素

　　讓每一位顧客吃得開心、吃得放心、吃得安心，正是近年來陸續推出童趣造型馬芬跟司康的健康烘焙坊──Guruatsu秉持的理念。店名是由日文的Gurume（美食）與Atsumeru（集合）縮寫而成，展現想要蒐羅各地美食的心意。店主米川女士身為兩個孩子的媽媽，為成長中的兒童們設計了各種造型可愛，分量適宜且低熱量的點心。減肥中的大朋友也可開懷大吃，因此而成功減肥8kg的店主正是最佳代言人。

　　架上琳瑯滿目的馬芬、司康、餅乾等商品都是大量使用豆腐和豆乳，選用有機和國產食材，製作出不含蛋奶、鮮奶油、奶油的烘焙點

1 有機咖啡380日圓和豆乳司康287日圓。**2** 口味眾多的每日點心是到店時的小確幸。

1 排滿檯面的豆乳司康282日圓，可內用也可外帶。**2** 豆腐馬芬282日圓。不僅是素食，還是連油也不使用的健康馬芬，各色馬芬並排讓人難以選擇！

心。主打商品的無油豆腐馬芬和豆乳司康，精選有機豆乳與國產豆腐、北海道小麥製成，可以享受到自然的甘香，並且越吃越健康。鄰近上野車站的東上野店備有座位區，提供現點現作的豆乳冰沙，點心與有機咖啡的組合等。午間套餐包括三種每日小菜、米飯、沙拉、湯品，不僅美味量足，而且價格公道，亦可外帶。店內也兼賣格蘭諾拉麥片、無麩質食品等有機商品。

　　散發著懷舊氣息的Guruatsu STAND店以烘焙點心為主，距離東上野店約五百公尺，營業時間至晚間18:00，但是六日皆休。週末假日經常參加各地市集活動，詳細地點日期公布在日本樂天的網路商店頁面。https://www.rakuten.co.jp/atsuma-ru/

DATA

地址｜東京都台東區東上野4-21-6
電話｜03-5830-3700
公休｜週日
信用卡｜不可
營業時間｜11:00～16:00
https://www.facebook.com/Guruatsu/

人氣推薦

33

享受純正和風氛圍＆道地和食

淺草 侍 屋台（停業中）
Asakusa Samurai Yatai

日式料理／拉麵

🍳 純素

　　以純素快煮拉麵聞名於海外的「Samurai Ramen」，第一家實體店終於在2018年8月開業。並且與ENAKA Asakusa Central Hostel合作，直接打造位於淺草精華地點的Samurai Hostel，一舉成為日本素食業界的熱門話題。距離日本代表觀光地淺草寺步行只需3分鐘，無論是觀光還是購物都很方便，如果想在淺草附近尋找落腳處，這裡也是個不錯的選擇。

　　想要營造一間超越種族、宗教、主義、思想壁壘的餐廳，同時將日本最引以為豪的和食傳遞給更多人。因此料理全都不含動物性成分也不含酒精，考慮到華人素食者大多不食用五辛，於是五辛相關的食材也全部不使用。平均只要700日圓就能吃飽，說是素食界性價比最高的餐廳也不為過，無怪海外旅客絡繹不絕。

1 少見不加五辛的日式咖哩，特別燻製過的醬汁增添獨家特色風味。2 招牌菜「侍拉麵」，有原味、山葵、辣味、咖哩四種口味可選。

 有著順滑口感的冷拌面也十分推薦。 近來風行的白熊冰是夏季不可錯過的刨冰甜品。

　　招牌料理非Samurai Ramen莫屬，除了原味湯底，還有味噌、辣味、山葵的口味可以選擇（需加價）。味噌口味在台灣素食者中最具人氣，恰到好處的鹹淡充分滿足食客的味蕾，辣味湯底也令人印象深刻。除了拉麵之外，想要嘗鮮的朋友也可以試一試乾拌麵。山椒和豆製素肉的搭配，讓人不自覺的上癮。其他當然還有道地的日式炸素排咖哩、炸素排蓋飯、蕎麥麵、烏龍麵等。2018年11月15日開始提供和食的吃到飽，含一碗拉麵鍋加上自助餐，午餐時段1800日圓，晚餐時段2800日圓。

　　由於兼營飯店餐酒館，烹飪理念也是多元的Vegan Junk Food 和食。一般純素咖啡廳的菜色可能比較少，但淺草samurai屋台不僅提供素食，亦提供一般速食風格的素菜單，即使不是素食主義的朋友也能得到滿足。若是與非素食者的朋友一起旅行，只能一起去素食餐廳感覺很抱歉的心情就會減少很多。日式風格與淺草的街道交錯，彷彿祭典的熱鬧氛圍更加高漲。離開之前，當然也別忘了選購作為伴手禮的Samurai Ramen！

DATA

地址｜東京都台東區淺草1-29-9
電話｜050-3374-3693
公休｜無
信用卡｜不可
營業時間｜11:30～22:00（L.O 21:30）
https://www.facebook.com/samurai.ramen.jp/

包廂雅座中品味舌尖上的當月旬食

普茶料理　梵
Fucha ryori　Bon

日式料理／精進料理

五辛素　　　純素

　　經營超過六十年的老舖「梵」，座落於素有寺廟之區美譽的台東區入谷（淺草、上野附近），曾經接待過披頭四的約翰・藍儂與小野洋子夫婦而盛名一時，是訪問日本時不容錯過的一站。這間古色古香的老舖主打精進料理，保留了濃厚中國風的普茶料理，每年吸引著無數以臺灣為首的各國素食朋友慕名前來。

　　步入大門，映入眼簾的是被水潤濕的石板地，拾級而入，清雅的環境別有一番滋味。隨季節變更的插花擺飾精心設計，招待客人的心

1 擺盤精美的前菜，由多種調味製成的豆腐和寒天等組成。2 炒物。3 扇形般的炸素麵看起來別致纖細。

1 最後的「時果」,是季節性的水果和豆乳製成的甜品。 **2** 白味噌料理。花瓣胡蘿蔔和百合根及蕨菜的配合,體現了季節性的色彩。

意隨處可見。石板地走廊兩側是各種大小包廂,最大可容納三十人團體聚餐。入室而坐,沉浸在靜謐的日式老屋情調,享受平民素齋的美食氛圍,任由味覺與放鬆精神帶來雙重的療癒。

　　精緻的普茶套餐從六千、七千、八千至一萬日圓,共四種價位。僅供午餐的普茶定食則是五千日圓,平日還會推出只要3450日圓的超值普茶便當。招牌料理是由豆腐、牛蒡、蓮藕製作的蒲燒素鰻,而纖細如扇的素麵天婦羅擺盤精美。普茶料理通常選用當季新鮮蔬菜作為食材,沒有經過太多的調味,注重原汁原味的平素淡雅,著實有種「久在樊籠中,復得返自然」之感。每月不同的福茶與小點心,在適當的時機由店主古川賢侊儷二位奉上,款款熱情,倍感窩心。只有親自前往才能購買的日式甜點與小菜,更是饋贈親友的絕佳伴手禮。

DATA

地址｜東京都台東區竜泉1-2-11
電話｜03-3872-0375（預約受理時段10～21）
公休｜週三
信用卡｜可
營業時間｜12:00～15:00（L.O 13:30）,17:30～21:00（L.O 19:00）,週日晚間至20:00（L.O 18:00）
http://www.fuchabon.co.jp/index.html
※本店為完全預約制,若當日取消,將會產生扣繳費用的情況。

百年老店的素食之路始於本書

中華楼

中式料理

 非素　　 奶蛋素　　 五辛素　　 純素

　　從淺草站步行只需2分鐘就能達到的「中華樓」，是代代相傳近百年的老店，目前已由第四代接手，可以說是日本中國料理店的領頭羊。至今仍堅持著創始人塚田新一先生不輕易擴大店鋪的方針，專注於如何提高烹飪的水準。每隔數年會舉辦一次員工研修旅行，前往中國著名餐廳學習最道地的中華料理。因而成為其他中華料理店經營者借鑑和參考的對象。

　　即使與華僑們聯繫緊密，早已了解「素食」的概念，但直到本書與對方洽談前，都是只有事先預約才提供素食料理。令人高興的

口感溫和且帶有甜味的素八寶燴飯讓人食慾大開1000日圓。其中的點睛之作為炸豆皮，滋味豐滿讓人欲罷不能。

妝點炸香菇和豐富蔬菜的素菜拉
麵,僅簡單使用食鹽和蔬菜湯頭
卻仍然,口感出眾。

是,隨著全球素食人口的需求不斷增加,藉由指南書出版的契機,今後也將
素食菜色列入日常供應的菜單中。目前新增菜色有「素八寶燴飯」和「素菜
麵」,兩者皆是不含五辛的料理。

　　柔和的口感加上略帶甜味的素八寶燴飯讓人胃口大開,其中吃透醬汁
的豆腐皮最是讓人回味無窮。僅僅用鹽和蔬菜高湯調味的素菜麵,加上酥脆
的炸蘑菇和大量的甘甜蔬菜,口感十分出類拔萃。覺得與台灣的味道有些相
似,打聽一番得知,果然高湯是經台灣素食界有名的廚神傳授而來的。單看
照片就能看出菜量並不少,使用健康的植物油,不必擔心過度油膩引起的不
適感。暫定價格約1000日圓,能夠吃到如此分量的美味,真教人感到驚喜。
若淺草在您的行程中,請不要錯過這家中華樓。

 DATA

地址｜東京都台東區淺草橋3-32-3
電話｜03-3851-0737
公休｜週日
信用卡｜可
營業時間｜11:30～15:00、17:00～22:00
http://chukarou.com/

媒體熱烈報導的咖啡風精進料理

こまきしょくどう - 鎌倉不識庵 -
Komaki Shokudo - Kamakura Fushikian -

精進料理

 純素

　　從JR秋葉原車站的電氣街口出來，沿高架橋直走就可以看到醒目的紅色招牌CHABARA，這裡的「日本百貨店」聚集了許多來自日本各地農特產製作而成的食品，全東京只有這裡才能買到。谷中咖啡店陳列的數十種咖啡生豆，以現買現烘焙的獨特方式帶來一室馨香。隱藏在其中一角的咖啡休閒風餐廳，就是以日本傳統食材製成精進料理的「こまきしょくどう」。

1 精進定食九種菜品可品嘗當日所有菜色，只需1530日圓。
2 使用炸車麩製作的炸豬排風定食，1280日圓。

1 2

1 座位寬敞簡潔。 2 店裡亦販售許多用於精進料理的發酵釀造調味料等日本傳統食材。

　　こまきしょくどう的中文稱為小牧食堂，來自於神奈川縣鎌倉經營長達四十年的精進料理「鎌倉不識庵」。不僅不使用五辛，大豆、小麥過敏的客人也能安心享用。至今為止被許多媒體報導，甚至登上海外新聞報紙的小牧食堂，以傳統的天然純素醬料和新鮮時蔬，充分發揮食材美味，以時尚的面貌傳遞日本的飲食文化。

　　炸車麩、芝麻豆腐、精進咖哩、菜乾、季節蔬菜、燉煮豆類等，每日替換的菜色分為四樣主菜、五樣小菜，個人可依食量點選菜色多寡的精進定食。基本的精進定食為主菜擇一，小菜擇三的組合1280日圓。能夠品嘗當日所有菜色的口福定食，含四種主菜與五種小菜，九品共1530日圓。定食皆附味噌湯和米飯，可加價將米飯換成酵素玄米飯。還準備了每日便當及精進咖哩便當方便外帶。飯後就以豪華純素甜品——布丁加冰淇淋，結束這頓既傳統又有新意的美餐吧！

地址｜東京都千代田區神田練塀町8-2
電話｜03-5577-5358
公休｜無
信用卡｜不可
營業時間｜週一～週六 11:00～20:00
http://konnichiha.net/komakishokudo/index.html

東 京 食 素

Tokyo
Vegetarian
restaurant

日暮里
nippori

駒込
komagome

町屋
machiya

巣鴨
sugamo

日本米化身的完美義大利料理

かくれん穂
Kakurenbo

義式料理／餐酒館

 非素　　 奶蛋素　　 五辛素　　 純素

　　從東京山手線的西日暮里轉乘只要一站，便可到達市井氣息濃厚的町屋站。這間位於町屋街道的「かくれん穂」非常特別，可說是東京都內絕無僅有的米粉義大利麵專賣店。菜單中的義大利麵、披薩等麵類餐點，都是使用百分百日本國產米加水特製而成，不添加油、鹽、蛋，也不含致敏麩質。

1 以紅芯蘿蔔製成的米粉義大利麵。點餐時可說明要求去除五辛。2 かくれん穂的料理使用契約農家栽培的有機蔬菜。

1 東京唯一一家使用自製米粉製作的義大利麵。 2 在東京老街閒逛，可以享用到性價比極高的午餐。

　　菜色不僅豐富美味，而且性價比極高。超划算的午間套餐包括了米粉義大利麵、沙拉、麵包與飲料，只要880日圓。晚餐時段皆為單點，價格仍然很實惠，米粉義大利麵680日圓起，米粉披薩480日圓起，燉飯、沙拉、下酒小菜應有盡有。飲料酒單也十分齊全，無論是大快朵頤還是會同好友小酌一杯都能滿足。如果對某些特殊食品過敏，或有全素、五辛忌口之類的需求，只要在點餐時知會一聲，皆可依需求調整相應菜色。

　　聚集著眾多實惠背包客棧的上野、淺草，下町風情濃厚的小眾景點北千住，熱門景點晴空塔，從這些鄰近地點前來並不算遠，但是卻可以享受到價格比鬧區更加親民的特製Q彈米粉義大利麵。附近的尾久之原公園，占地寬廣，視野開闊，也是野餐和酒足飯飽後消食的好去處。若有機會，不妨將這家餐廳加入旅行計畫中吧！

 DATA

地址｜東京都荒川區町屋2丁目2-20 斉藤ビル2F
電話｜03-6458-2432
公休｜無
信用卡｜不可
營業時間｜11:00〜22:30
http://www.kakurenbo-komeko.com/

人氣推薦

與豐饒大地同享自然恩惠的友善餐廳

ナーリッシュ

Nourish

自然食

 純素

　　近年來，許多餐廳紛紛推出素食或五辛素的蔬食品項，但是單純提供不含五辛的全素餐廳仍是很稀有的存在。然而在山手線駒込站，以賞櫻與楓紅聞名的「六義園」附近，就有一家訴求有機・素食・無五辛為最大特色的「ナーリッシュ」。不僅如此，身兼主廚的店長在探尋產後無母乳問題時，了解到飲食造成的生態破壞，因而開始堅持提供環境友善的自然食。

1 綠豆咖哩富含70種植物性營養素。 2 人氣招牌Nourish Burger，受歡迎的程度甚至在神奈川縣開了專賣素漢堡的Vegan Burger Nourish。

1 2

1 宮崎鄉土料理「南蠻雞」，宮崎縣出身的店長作出了原汁原味的全素南蠻雞。**2** 使用福井縣丸川味噌提味的「味噌布朗尼」。**3** 店面位在山手線駒込站，以賞櫻與楓紅聞名的六義園附近。

　　這裡的人氣招牌是駒込ナーリッシュ漢堡與綠豆咖哩。漢堡麵包使用現磨的小麥與胚芽糙米揉製，經天然酵母發酵而成。大豆製作的素肉排，無論口感還是風味都呈現出令人驚喜的真實感，佐以自製醬汁和豆乳美奶滋，成就了魅力無窮的逸品。綠豆咖哩富含70種植物性營養素、香料以及提味用的味噌，微辣回甘的絕妙滋味讓人一口接一口。

　　宮崎縣出身的店長在經歷多次失敗後，終於在不使用動物性素材與乳製品的情況下，作出滿意的宮崎鄉土料理「南蠻雞」也是推薦菜色。裏粉油炸的大豆素排，在酸甜的甘醋裡浸一下，上桌時搭配清爽的塔塔醬和高麗菜絲，令人胃口大開。飯和味噌湯無限量提供，小心別吃得太撐囉！

　　飯後甜點不妨來個味噌布朗尼。味噌與布朗尼？兩個看似不相關的材料，卻撞出不可思議的美好火花。這個讓許多來客在聽到和品嘗後都大吃一驚的甜點，使用福井縣的丸川味噌提味，在自然的香甜中隱隱透出味噌的鹹香，交織出餘韻綿長的味道。

DATA

地址｜東京都豐島區駒込1-37-8 コーポ市川2F
電話｜03-3944-8300
公休｜週三
信用卡｜可
營業時間｜11:30～14:30（L.O.14:00），18:00～22:30（L.O.21:30）
http://nourish.co.jp/

讓生活從新鮮出爐的健康麵包開始

むぎわらい
Café Mugiwarai

麵包店／咖啡館

 奶蛋素　 五辛素　 純素

大人氣的Macrobiotic Plate。

每天早晨8:00準時迎客，毗鄰日比谷線三之輪車站的「むぎわらい」，是一間兼營麵包店的咖啡館，而且還是東京為數不多的素食麵包店。每天上架的30餘種麵包中，超過半數都是為素食者精心製作，不含蛋、奶、奶油的麵包。選購時只要牌子上標明「マクロビック対応（大自然長壽飲食）」的品項，就是不使用動物性食材的純素麵包。

嚴選日本國產的有機小麥，加入富含營養的雜糧堅果，使用鹼性離子水與天然酵母烘焙而成的鬆軟麵包，多元穀物完美補充日常生活所需的礦物質與維生素。加入大量鷹嘴豆作出香濃食感的純素咖哩麵包，使用全麥麵粉且不經油炸，吃了飽足又健康。琳瑯滿目的天然酵母麵包除了外帶回家，也能直接在店內食用，兼營咖啡館的むぎわらい同時也提供三明治、綜合麵包＆湯品、綜合麵包＆素咖哩等咖啡館輕食。

1 香Q有咬勁的佛卡夏。 2 全麥麵粉製成的法式長棍280日圓。
3 法式鄉村麵包300日圓。 4 以天然冰製成的刨冰800日圓。

　　以甜菜糖代替白砂糖製作的豆乳冰淇淋、鬆餅等甜點，美味又不會造成身體的負擔。飲料皆是以有機咖啡、有機穀物咖啡與有機紅茶調製，果汁也是百分百的無添加純果汁，店家還推出自家釀製酵素果汁，微發酵的酸甜果肉淋上濃濃糖漿，清涼爽口。這間全年無休的溫馨小店，以安心又好吃的餐點靜待各位的光臨。

DATA

地址｜東京都荒川區東日暮里1-5-6
電話｜03-5850-6815
公休｜無
信用卡｜不可
營業時間｜09:00～18:00（L.O17:00）
　　　　　週六09:00～19:00 L.O（L.O18:00）
http://mugiwarai.la.coocan.jp/

日本國內屈指可數的純素養生甜品鋪

甘露七福神
Kanroshichifukujin

日式甜品

 純素

　　巢鴨向來被稱為「阿婆們的原宿」，充滿下町風情的地藏通商店街，林立著諸多傳統的和菓子店鋪和甜品店，「甘露七福神」就是其中知名的一間。吃什麼，是決定一個人健康的關鍵，尤其是糖分的攝入。印象中的和菓子，總是給人被糖包圍的高甜度感。但是甘露七福神基於大自然長壽養生的理念，所有甜品都是完全不使用白砂糖、奶、蛋與化學調味料的無添加有機甜點。甘美不減的日式甜品，在保持健康的同時，依然帶來味蕾的絕妙體驗。

玄米粽子套餐，附季節性家常菜和湯品980日圓。

1 甘露七福神附近的高岩寺有尊とげぬ
き地蔵,以能夠保佑病痛痊癒而聞名。
2 如果身體有不舒服的地方,在觀音身
上相同的地方以水清洗就能夠治癒該病
痛,因此許多人慕名而來。

　　紅豆沙可說是日式甜點的靈魂,這裡的豆沙由擁有50年資歷的資深糕點師,精選有機紅豆與甜菜糖用心製作而成,層次豐富的高雅甘香,令人回味無窮。推薦最具代表性的豆沙水果涼粉(甘露あんみつ)與鹽味豆沙水果涼粉(塩あんみつ),不僅使用的白玉、求肥是店家自製,黑糖蜜也是以甜菜糖熬煮而成。

　　不容錯過的甜品還有粟善哉(粟ぜんざい),以含有優質蛋白質的小米和黃米揉製成Q彈丸子,配上香濃的紅豆甜湯。年糕小豆湯則含有豐富的食物纖維,配上極富營養價值的糙米年糕與糙米艾草餅,可說道道都是養生餐。而相鄰的高岩寺,供奉的主神暱稱拔刺地藏尊,是祈求消病滅災非常靈驗的寺廟。除了地藏尊以外,據說只要用濕毛巾擦拭菩薩與自己疾病處的相同部位即可痊癒的「水洗觀音」亦相當靈驗,不妨順路一遊。

DATA

地址｜東京都豐島區巢鴨3-37-5
電話｜03-5394-3694
公休｜週三、週四
信用卡｜不可
營業時間｜11:00～18:00
http://www.kanro-shichifukujin.com/

時光隧道裡的自然食咖啡館

根津の谷
Nezunoya

日式輕食／自然食

五辛素　　純素

　　簡稱為「谷根千」的谷中、根津、千駄木，擁有許多值得一看的寺院、古蹟等景點，彷彿回到日本古代街市的懷舊風情，亦令人悠然遐想。這家已有四十年歷史的素食咖啡店「根津の谷」，就位於根津車站附近，雖然餐點的選擇不多，卻是為大眾喜愛的安心餐廳典範。日式倉庫改裝而成的老屋，吸引了許多就近入住的外國遊客前來一睹這座古色古香的舖子。

每日套餐1450日圓。 1 地瓜春菊天婦羅。 2 茄子和梅子組合而成的炸物。

1 收銀台邊擺放著每日更換的定食便當以及糙米飯糰。 2 店面還有許多新鮮的有機蔬菜食品等自然食品售賣。 3 有機酒和果汁等種類也很豐富。

　　根津之谷面朝馬路的部分，是販售自然食品與有機商品的店面，宛如電影場景的雜貨鋪，陳列了各式各樣的生活用品。從狹長宛如隧道的店鋪深處走入，就能到達提供自然食的餐廳。利用舊倉庫改建時拆除的天然原木，作成店內使用的桌椅板凳，營造出放鬆身心的舒適環境。

　　餐廳僅提供三種簡餐，口耳相傳的評價卻很好。每日特餐有根津之谷套餐、蔬菜咖哩套餐、飯糰套餐；健康營養的糙米飯，依照時令精心準備的蔬食主菜，配上美味無窮的味噌湯、醃菜、水果，以及無限暢飲的茶水。採用傳統調味方法料理，注重飲食均衡、營養調配的道地日本風味，不使用動物性成分、白砂糖與化學調料。而且外加200日圓就有每日蛋糕，加300日圓即可享受甜點飲料的套餐。若需要外帶，食品店內也提供當日製作的飯糰跟便當，亦可在櫃臺點餐。買上一份帶在身邊，行程更加自由，坐在美景中享用更是別有情調。

 DATA

地址｜東京都文京區根津1-1-14
電話｜03-3823-0030
公休｜餐廳週三、週日，商店週三
信用卡｜不可
營業時間｜餐廳11:30～15:30，自然食商店10:00～21：00
http://nezunoya.com/

東　京　食　素

Tokyo Vegetarian restaurant

錦糸町
kinshicho

押上
oshiage

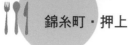

人氣推薦

42

自助選菜滿盤都是最愛的道地台灣味

Veggie House

台灣素食

奶蛋素　　純素

開店超過十五年的「It's Vegetable! 苓々菜館」，是由台灣人經營的人氣素食餐廳，2018年一月改裝後重新開業，並且正式改名為Veggie House。距離錦糸町車站不遠，而且電車下一站就是晴空塔所在的押上站，觀光途中就可以順路安排品嘗，十分方便。

來到日本超過二十年的店主，由於當時日本的素食餐廳很少，外食的時候很不方便，於是「既然如此，我自己開店吧！」抱著這樣的決心，花光所有積蓄開了這一家店。由台灣人重現道地的台灣素食料理，也因著這個特色在日本人之中成為熱門話題。因為飲食習慣的差異，在維根風潮襲捲世界前，日本的素食餐廳大多都是曇花一現，能夠經營長達十五年的老店更是稀有，可見Veggie House多麼受歡迎。

1 **2** **3** 必點菜色：擔擔麵、烤素雞、餃子。除了豐富的菜單單品，亦有西式自助餐形式，可以選擇適合個人食量的方式。由台灣店主經營的Veggie House，在台灣素食界也非常有人氣。

1 二樓可接受團體客。
2 店內亦販售素食食材。

　　Veggie House的點菜方式有兩種，可以選擇固定分量的單點和秤重的自助餐。喜歡什麼就吃什麼的自助餐是「按量計價」，根據拿取菜品的總重量來結算金額，平均一餐價格約1200日圓。食材大多使用有機食品，以及自家屋頂上栽培的蔬菜。雖然菜色每天都會變化，但其中最有人氣的招牌菜色始終不變——大豆製作而成的糖醋肉與炸雞肉。

　　單點菜品中的人氣王則是烤雞、餃子與擔擔麵！最有人氣的烤雞，香嫩酥脆，祕密在於使用椰子油，有效的防止氧化，保持了酥脆的口感。從餃子皮開始手工製作的餃子，吃起來有一種軟糯的感覺。擔擔麵則帶著一抹若隱若現的肉燥香氣。品嘗完烤雞之後，再來份擔擔麵和餃子，最道地的台灣組合就此誕生，令人大呼過癮！因為店主的「特別用心」，只要吃過一次就會難以忘懷，難怪至今為止回頭客絡繹不絕。

DATA

地址｜東京都墨田區太平4-7-10
電話｜03-3625-1245
公休｜週一
信用卡｜可
營業時間｜11:30～15:00（L.O 14:30），
　　　　　17:00～21:00（L.O 20:30）
https://veggiehousetokyo.wixsite.com/veggiehouse
https://www.facebook.com/veggiehousetokyotw/

空間設計感十足的悠閒咖啡館

SASAYA CAFE

自然食／咖啡館輕食

 五辛素　　 純素

　　位於大橫川親水公園中的SASAYA CAFÉ，是間可愛的白色小洋房，洋溢藝術感的室內可以隨意拍照，由倉庫改造的店內，空間大得難以想像這是在寸土寸金的東京。距離都營淺草線的押上站大約10分鐘，東武東上線的東京晴空塔站7分鐘，走到全日本最高的建築物——東京最受歡迎的觀光景點之一東京晴空塔也只要8分鐘左右。在這裡可以盡情的放鬆，悠閒地消除旅行中的疲憊。

　　身為環境友善餐廳，SASAYA CAFÉ致力於提供有機食材製作而成的素食餐點，其中的招牌料理便是午餐時段的「天貝豬排飯套餐」。天貝，是印度尼西亞的傳統食物，由大豆發酵而成的餅狀食品。SASAYA CAFE使用北

1 炸天貝咖哩飯1242日圓，印度咖哩和天貝的組合是人氣料理。**2** 炸天貝套餐1080日圓，點餐時可要求去除五辛。

1 **2** 從晴空塔步行不到10分鐘，無論觀光購物都能夠順路安排。

海道產的大豆製成天貝，作成口感與味道都令人驚豔的香脆素豬排，加上香糯米飯和清爽的沙拉，組合成色香味俱全的套餐，並且附有飲料。淋醬中通常會加入洋蔥，點餐時只需說明「不要五辛」即可去除。

　　這裡的素甜點和飲料也都非常美味。迷人的焦糖香蕉麵包布丁、香蕉磅蛋糕、季節性水果蛋糕、水果布丁等，加上一杯有機的植物性飲料，度過一個輕鬆悠閒的午茶時光。這裡的甜點食譜，大多是吉祥寺素食甜點店「Dragon Michiko（P.114）」的西點師設計。對方在獨立開店之前，曾經在此擔任店長兼西點師，因此可以吃到如此美味的甜點。由於SASAYA CAFE早上8:30就開始營業，如果在附近住宿，還可以在這裡吃早餐，享用鬆餅和穀物咖啡來迎接美好的一天！

 DATA

地址｜東京都墨田區橫川1-1-10
電話｜03-3623-6341
公休｜不定休
信用卡｜不可
營業時間｜08:30～18:00，午餐 11:00～14:00
http://www.sasaya-cafe.com/

/////////////

東 京 食 素

Tokyo
Vegetarian
restaurant

/////////////

吉祥寺
kichijoji

調布
chofu

自由が丘
jiyugaoka

在吉祥寺邂逅美好的甜蜜滋味

Dragon Michiko

甜點／自然食

五辛素　　純素

　　從新宿搭乘中央線快速，僅需14分鐘即可到達的吉祥寺，不但是日本人最想居住地排行榜的第一名，同時也是觀光客絡繹不絕的地區。交通便捷，附近林林總總分布著諸多服飾店與個性雜貨舖，想親近自然也有井之頭公園，同時還有宮崎駿三鷹吉卜力美術館等日本當地也人氣爆棚的觀光景點，使得這裡每天都有各種年齡層的遊客前來玩賞購物，逛上一整天。

1 提起東京最想居住的地區非吉祥寺莫屬，這家在吉祥寺的素食餐廳可愛中透露著時尚感。**2** 下午一點之後化身為咖啡廳，在吉祥寺淘到好東西後，可以在Dragon Michiko享用下午茶，度過悠閒時光。

1 Dragon Michiko的點心價位在400～600日圓之間，可提前預約生日蛋糕或是紀念日蛋糕。**2** 每日蛋糕品項都不一樣，可在Instagram上查詢當日蛋糕種類。**3** 人氣商品布丁經常在上午就被搶購一空，想要嘗到美味需要趁早喔！

　　隱匿於吉祥寺街道中的「Dragon Michiko」，是今年2018年1月才開幕的素食甜點屋，從吉祥寺站步行7、8分鐘即可到達。店主山口道子小姐曾在晴空塔附近的素食咖啡廳SASAYA CAFE工作多年，擔任西點師與店長。即使現在獨立開店，仍然為SASAYA CAFÉ量身打造甜點食譜。

　　上午11:00準時開門迎客的Dragon Michiko，依季節食材每天新鮮製作諸如蛋糕、布丁、水果塔、鬆餅、瑪芬、餅乾、司康等烘焙甜點。使用有機水果調製的蘇打和薑汁汽水，更是一道美味又漂亮的景色。這裡的素食甜點不僅備受素食者喜愛，更吸引著無數不茹素的回頭客，無負擔的甜美滋味反而讓一般人成為比例多數的主要客戶。觀光之餘信步到此落腳，選擇帶來清爽氣息的有機氣泡飲，或點上一杯無咖啡因咖啡，搭配布丁與水果交織而成的香甜蛋糕，消去行路產生的疲憊，享受午後悠閒的大好時光。臨走前別忘了外帶一份，作為旅途中的深夜福利！

DATA

地址｜東京都武藏野市吉祥寺本町2-18-7
電話｜0422-22-7668
公休｜週一、週二，第二、四週的週三
信用卡｜不可
營業時間｜11:00～18:00
http://dragon-michiko.tokyo/

媒體熱烈報導的人氣名店

KICK BACK CAFE

拉麵／咖哩

 非素　 奶蛋素　 五辛素　 純素

　　Kick Back Café位於距離新宿站約20分鐘車程的仙川站，雖然身處住宅區，卻是多次被報紙、電視、雜誌報導的人氣名店。不僅是日本人，甚至連海外旅行者也特地聞名而來。料理使用不含農藥的有機蔬菜，也不添加化學調味料。針對過敏者，菜單也明確標出了過敏源食物的蛋類和小麥等，充分展現了店家「吃得安全安心」的經營理念。

　　店內的招牌菜色——豆乳拉麵和咖哩等，全都是純素料理（點餐時需特別說明去除五辛）。必點的豆乳拉麵由芝麻油調和成濃郁的豆乳湯底，口感厚實的炸物配菜，也是植物性百分之百的豆腐素排。濃郁的味道讓人不禁產生「真的只用了蔬菜嗎？」這樣的疑問，因此

1 Kick Back Café最推薦的菜色是まめラーメン1180日圓。味道濃厚的豆乳湯頭和配菜鐵板豆腐十分美味可口。點餐時也可要求去五辛。**2** 使用照燒天貝和豐富的黃綠色蔬菜製作的三明治1400日圓。

1 以有益健康和美容的羅漢果,作出純素的巧克力蛋糕。2 印尼風味的炒飯 Nasi Goreng,在Kick Back Café能吃到各個國家的料理。

吃過的人全都讚不絕口。分量十足又美味,不僅不會太油膩,還能讓人以風捲殘雲之勢消滅乾淨。此外,也十分推薦Kick Back Cafe的甜點。不使用白砂糖,改使用低糖質的羅漢果作成的巧克力蛋糕,足以名列人生中吃過最好吃的純素蛋糕之一。在香濃熱呼的豆乳拉麵之後,以巧克力蛋糕畫下完美句點,是讓人感到幸福的最佳組合。

健康又能飽腹,實在無可挑剔!除了素食料理的菜單十分豐富,對於非素食者也有提供肉類料理,方便素食者與親朋好友在外用餐。當店長知道台灣的素食客人大多不吃含五辛的料理之後,馬上秉持服務至上的精神,開始研究不含五辛的菜單。「讓所有來店用餐的客人都能感到輕鬆愉快」是Kick Back Cafe特意營造的氛圍。因此只要去過一次,就會成為回頭客。

 DATA

地址|東京都調布市若葉町2-11-1
電話|03-5384-1577
公休|週一
信用卡|可
營業時間|週二・週四〜週六 11:00〜22:00
週三 11:00〜16:00・週日 13:00〜21:00
http://www.kickbackcafe.jp/

人氣推薦

46

讓身體與食物進行對話的餐廳

菜道

和食／拉麵

 純素

　　關注生活質量的人們聚集之地，時尚雜貨店與各種潮流品牌林立的自由之丘。在這樣的街道中，誕生了「菜道」。在這裡，能夠愉快地享用素食界中人氣samurai拉麵的美味，與咖哩飯、義大利麵之類的簡餐。吃過正餐之後，不妨散步前往同在自由之丘的時尚雜貨兼素食甜品店Shiro，品嘗甜點。

　　不平凡，是菜道的追求，不僅提供道地的日式料理，同時也是一個關心顧客健康的餐廳，理念是「成為一家讓身體與蔬菜對話的餐廳」。菜道不使用普通白米，取而代之的是有

1 使用五種新鮮蔬菜和大豆素肉製作的前菜。 2 經過燻製的蔬菜拼盤。 3 以雞蛋、素肉、海帶作成的素食三色丼。 4 香氣撲鼻的日式咖哩。 5 匯集各種菇類熬製的精華湯底。

1 養生風格的菜道生麵。麵條種類有生薑、西蘭花、明日葉等五種選擇。**2** 菜道的拉麵含豆皮、茄子、烤蕃茄、青江菜等豐富蔬菜。

益健康的黑米。拉麵的麵條均使用低糖質麵，不使用雞蛋麵。有趣之處在於，可以根據當天自身狀況來選擇適合自己的麵條。麵糰在揉製過程中加入了日本國內生產的新鮮蔬菜，作成具有各種功效的麵條（每日可選的麵條都不一樣）。

點選拉麵後，先端上桌的卻是含豐富的蔬菜營養的金黃色清湯。接下來是誘人的生春卷，搭配含有芝麻和柑橘香氣的胡姆斯醬，最後才是前所未有的美味拉麵。彷彿敘述故事般循序漸進的吃法，是因為先用湯和蔬菜，再食用主食拉麵能夠控制血糖值不易升高。菜道不僅注重烹飪和食材，還關心健康的食用順序，這正是「讓身體與食物對話」的體現。

DATA
地址｜東京都目黑區自由が丘2-15-10
電話｜050-5436-4138
公休｜無
信用卡｜不可
營業時間｜11:30～22:30
https://www.facebook.com/saido.tokyo.jp/

養生食材

體寒：生薑麵
美膚：紅辣椒麵
美白：西蘭花麵
控糖：八丈草麵
護肝：薑黃麵

人氣推薦

美不勝收的西式蔬菜套餐

+Veganique

西式料理／日式料理

 五辛素　 純素

　　經常入選「東京人氣街道榜」前幾名的自由之丘,近年來漸漸增加了一些以蔬食為主的維根餐廳。曾經主導避暑勝地輕井澤首家純素餐廳「RK GARDEN」的加藤主廚,2016年協同妻子在此開設了素食餐廳+Veganique。距離東急東橫線自由之丘站南口步行兩分鐘的絕佳位置,不僅素食者慕名而來,也吸引了許多非素食者到這裡享用新鮮美味的日本有機蔬菜。

　　擅長義式料理、法式料理、日式料理、宴會料理等,經驗豐富的加藤主廚創作出來的純素料理,有著豔驚四座的美妙擺盤,壓倒性的視覺效果幾乎讓所有客人都禁不住拍照留念並上傳分享。物超所值的全餐料理分量十足,以不含五辛的午間A套餐「農家直送 多彩蔬菜拼盤附咖啡」為例。菜色包含了豆腐法式鹹派、豆乳濃湯、天然酵母

1 A套餐「農家直送colorful vegetable plate 附咖啡1800日圓。 2 具有義大利法國料理經驗的主廚,利用新鮮的鎌倉有機蔬菜大顯身手。

1 主廚特製的青醬義大利麵。提前預約可以提供去五辛的義大利料理套餐。美味的料理和餐廳的氣氛是慶祝生日或紀念日的不二選擇。**2** 如此美麗的盛盤,開動之前別忘了拍照上傳SNS喔!**3** 對創作料理有著源源不斷靈感的加藤主廚。

黑麥麵包、本日鮮蔬切片麵包、醋拌奇亞籽鮮菇、涼拌紫高麗菜、胡蘿蔔沙拉、洋芋沙拉、普羅旺斯燉菜、多彩烤蔬菜、當季水果、開胃小點,豐盛而精緻的當季蔬菜盡在一盤。

能夠接受五辛素蔬食者,亦可選擇B套餐「素食千層麵+義式蔬菜湯・附咖啡」。以吉野本葛和豆腐製成的豆乳白醬,加上大豆肉醬層層疊的素食千層麵,搭配小碗的義大利什錦蔬菜湯與小麵包,讓人心滿意足。若時間充裕,不妨選擇CP值與滿意度都極高的C套餐(請於三天前預訂),或季節限定套餐。美麗精巧的甜點更是不容錯過,搭配香醇的有機咖啡或養生的南非國寶茶,享受旅途中的悠閒時刻。

若有需要在日本舉辦素食宴會,亦可委託+Veganique。不含五辛的美味宴會料理,以自助餐形式提供,方便與會人士彼此交流,分享輕鬆時光。店員除了日文也懂簡單的英文,預約請洽FB或mail,詳情請見官網。

DATA

地址｜東京都世田谷區奧沢5-27-19-1003
電話｜090-9823-8310
公休｜週三
信用卡｜不可
營業時間｜週一～週六 12:00～23:00(L.O 21:00)
https://www.plus-veganique.com/
https://www.facebook.com/yasainokai/

成田空港

搭機時可以事先預定素食飛機餐，但是時間上卻不一定剛好可以銜接。
如果想在機場稍微吃點東西，墊個肚子，不妨參考以下資訊。

第一航廈 Terminal 1

Soup Stock Tokyo

餐點		價格（含稅）2018.10當下	肉類	海鮮	蛋製品	奶製品	五辛
	イタリア トマトの ミネストローネ 義大利番茄的蔬菜濃湯	630円	×	×	×	×	○
	緑の野菜と岩塩のスープ 緑色鮮蔬岩鹽濃湯	630円	×	×	×	×	○

BAGEL&BAGEL

餐點		價格（含稅）2018.10當下	肉類	海鮮	蛋製品	奶製品	五辛
	ベジタリアンサンド 素食三明治	540円	×	×	×	×	○

NARITA洋膳屋 ROYAL

餐點		價格（含稅）2018.10當下	肉類	海鮮	蛋製品	奶製品	五辛
	ベジタリアンカレー 素食咖哩	1026円	×	×	×	×	○

Tokyo Food Bar

餐點		價格（含稅）2018.10當下	肉類	海鮮	蛋製品	奶製品	五辛
	ベジタブルカレー 蔬菜咖哩	1000円	×	×	×	×	○

第二航廈 Terminal 2

N's COURT

餐點	價格（含稅） 2018.10當下	肉類	海鮮	蛋製品	奶製品	五辛
ベジタブル サンドウィッチ 鮮蔬三明治	896円	×	×	×	×	○

麵屋 空海

餐點	價格（含稅） 2018.10當下	肉類	海鮮	蛋製品	奶製品	五辛
ベジタリアン ラーメン 素食拉麵	900円	×	×	○	×	○

FaSoLa Café coffee&beer

餐點	價格（含稅） 2018.10當下	肉類	海鮮	蛋製品	奶製品	五辛
ピッツァ (マルゲリータ) 披薩（瑪格麗特）	950円	×	×	×	○	○

Asian Cafe Bowl Bowl

餐點	價格（含稅） 2018.10當下	肉類	海鮮	蛋製品	奶製品	五辛
ベジタリアンカレー 素食咖哩	1026円	×	×	○	○	○

第三航廈 Terminal 3

Freshness Burger

餐點	價格（含稅）2018.10當下	肉類	海鮮	蛋製品	奶製品	五辛
ベジタブルバーガー 鮮蔬漢堡	421円	×	×	○	○	○

TATSU SUSHI

餐點	價格（含稅）2018.10當下	肉類	海鮮	蛋製品	奶製品	五辛
ベジタブルロール 蔬菜捲壽司	648円	×	×	×	×	×
かっぱ巻 河童捲壽司（小黃瓜捲）	270円	×	×	×	×	×

洋丼屋ONE BOWL

餐點	價格（含稅）2018.10當下	肉類	海鮮	蛋製品	奶製品	五辛
ベジタリアンカレー 素食咖哩	972円	×	×	○	○	○

伴手禮

特地來到日本旅行，怎麼能不買伴手禮帶回家呢？
為了方便素食者們選購，在此推薦一些適合的伴手禮。

和のかし 巡
Wanokashi Meguri

傳統日式點心

 純素

DATA
地址｜東京都澀谷區上原3-2-1
電話｜03-5738-8050
公休｜週一　營業時間｜10:30～18:00
信用卡｜不可
https://wa-meguri.stores.jp/

　　距離新宿搭乘電車約10分左右的代代木上原站，有一家點心全是純素、無麩質的和果子店。使用低GI的有機龍舌蘭糖漿作為甜味劑，作出能夠將血糖值維持在穩定狀態的健康甜點。最受歡迎的品項是大福「福巡り」，綿密的紅豆沙和龍舌蘭糖漿結合在一起，有一種特別的甜味，讓人意外的是糯米的糙米也能擁有如此黏糯的口感。

東京あられ
Tokyo Arare

傳統日式零食

 純素

DATA
評判堂
地址｜東京都台東區淺草1-18-1
公休｜無　營業時間｜9:30～18:30
http://www.hyoubandou.com/index.html
王樣堂本店
http://osama-do.co.jp/item/halal/index.html

　　東京あられ是由米果老鋪「王樣堂本店」推出的純素炸米果。使用日本國產糯米作成一口大小的尺寸，以植物油炸得酥脆，僅用大豆和食鹽釀造的素純醬油調味後，再作成海苔、唐辛子、山葵、抹茶四種口味。一口一個令人難以停下，喜歡吃辣的人推薦唐辛子口味。可以在淺草仲見世的評判堂中購買，有單口味的零售小包裝，亦有四種口味俱全的1000日圓套組禮盒。

Samurai Ramen

拉麵料理包

 五辛素

DATA
淺草 侍 屋台
地址｜東京都台東區淺草1-29-9
公休｜無　營業時間｜11:30～22:00
https://samurai-ramen.jp/
業務スーパー
https://www.gyomusuper.jp/index.php

　　日本首發的素食拉麵「Samurai Ramen」快煮料理包，僅使用蔬菜卻有著令人意想不到的濃郁口感。不使用任何動物性素材與調味料，有平價划算的袋裝版，和貴氣豪華的金箱盒裝版（五辛素），不含五辛的純素產品即將推出，出發前可上網關注一下。目前主要通路是透過官網和日本亞馬遜的網路販售，實體通路可在業務スーパー（超市）和淺草 侍屋台（P.86）購得。

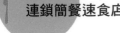

連鎖簡餐速食店

雖說日本國內的素食餐廳正在逐漸增加，
但是在旅途中一時找不到素食餐廳的情況也屢見不鮮。
為了解決這個難題，在此介紹幾家備有素食料理的簡餐店和速食店。

Curry House CoCo壱番屋

 非素　　 DATA　https://www.ichibanya.co.jp/

 五辛素

連鎖簡餐

　　連鎖店數量榮登世界金氏紀錄第一的CoCo壱番屋，也為素食者開發了素食菜單。日式咖哩特有的濃稠度和米飯香糯口感總是令人胃口大開，可自選辣度、甜度、飯量、配料，豐富的彈性組合可以滿足任何人。全日本約有112家分店提供素食咖哩（五辛素），可利用官網的店鋪檢索機能，選擇地區，並勾選素食咖哩「ベジタリアンカレー」項目，即可找到最近的店。

※不使用肉類、魚類、蛋類、乳製品、蜂蜜等原材料，同一流水線上有使用乳製品原料，有乳製品混入的可能。

T's たんたん

 五辛素　　DATA　T's たんたん
https://www.nre.co.jp/shop/tabid/221/Default.
aspx?brnid=12#dnn_TabTopPane

T's Restaurant
http://ts-restaurant.jp/

連鎖簡餐／拉麵

　　由自由之丘素食餐廳T's Restaurant發展而來的拉麵店T's たんたん，在東京車站和上野車站均有店面，除了最具代表性的擔擔麵之外，皆備有外帶品項，非常適合遠途遊玩的朋友。使用大豆製成素肉的素排三明治，口感令人驚豔，分量也令人滿足。自由之丘的本店，無論內用、外帶餐點的選擇都更多，預定前往該地區的旅客可以列入參考。

ナチュラルハウス
Natural House

 DATA https://www.naturalhouse.co.jp/

有機超市

　　Natural House是日本有機產品的專賣店，全國26家店鋪就有13家分布在東京都內，熱門觀光地池袋、上野等均有店鋪。除了販售有機農產及加工商品，亦有推出熟食小菜與便當，方便旅行者能夠迅速的找到素食。有許多貼心小服務的表參道店因此十分有名，比如便當和食材等都有素食的標誌，即使不會日文的客人也能夠安心購買。

駅弁屋 菜食弁当

 五辛素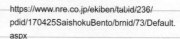

DATA https://www.nre.co.jp/ekiben/tabid/236/pdid/170425SaishokuBento/brnid/73/Default.aspx

車站便當

　　肉、蛋、奶、海鮮、蜂蜜等動物性食材均不使用的便當——菜食便當（含五辛），使用滷汁儘以海帶為湯底，各式滷煮小菜之外，還加上了豆腐漢堡與炸車麩這類令人飽腹的配菜。米飯則是一半白米一半五穀米，繽紛色彩又營養充足，絕對是令人滿意的便當。東京、新宿、上野等車站均有販售，非常方便出行時採買，作為旅途餐點。

※同一生產線上有使用動物性食材，並非獨立生產線。

東 京 食 素

Tokyo
Vegetarian
restaurant

附錄

飲食禁忌一覽表

すみません。私はベジタリアンです。
以下の表記に沿ってお薦めのメニューをご紹介頂けないでしょうか。

不好意思，由於我是素食者，可以按照以下標示推薦菜色嗎？謝謝。

ご迷惑をおかけして申し訳ありません，誠にありがとうごさいます。

不好意思造成你們的麻煩，非常謝謝。

動物性成分

肉類（肉製品）

魚介類・かつおだし・かつお 油など（海鮮）

乳製品・チーズ・ヨーグルトなど（奶製品）

卵製品・マヨネーズなど（蛋製品）

五葷（五辛）

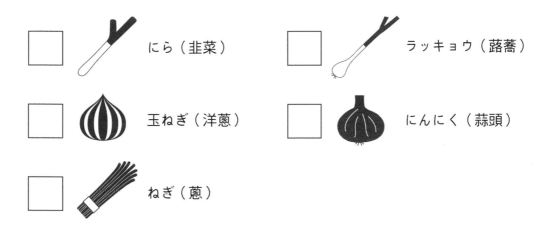

☐ にら（韮菜）　　　　☐ ラッキョウ（蕗蕎）

☐ 玉ねぎ（洋蔥）　　　☐ にんにく（蒜頭）

☐ ねぎ（蔥）

Others

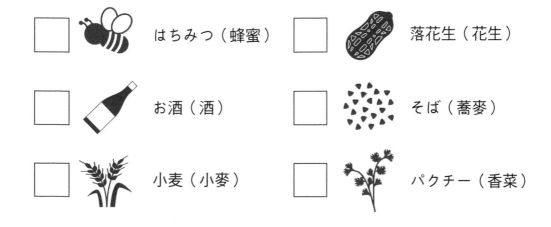

☐ はちみつ（蜂蜜）　　☐ 落花生（花生）

☐ お酒（酒）　　　　　☐ そば（蕎麥）

☐ 小麦（小麥）　　　　☐ パクチー（香菜）

點餐不頭痛！超簡單手指日語

すみません、わたしは日本語がわかりません。
お手数ですが、私の質問に対して、指で次の答えを指して下さい。

很抱歉，由於我不懂日文。

可以請你看一下我指的問題，並且同樣用手指指出回答。

すみません。ベジタリアンメニューはありますか？

請問哪一些餐點是蔬食可食用（不含肉、海鮮）？

オリエンタルベジタリアンのメニューはどちらですか？
※肉類、魚介類、乳製品、卵などの動物性成分、五葷（ネ
ギ、ニンニク、ニラ、ラッキョウ、アサツキ）が含まれてい
ないメニュー

請問哪一些餐點是東方素食者可食用（不含動物性成分、奶、蛋與五辛：韭菜、洋
蔥、蔥、蕗蕎與蒜頭）？

ラクト・オボメニューはどちらですか？
※肉類、魚介類、五葷（ネギ、ニンニク、ニラ、ラッキョウ、アサツキ）が含まれていないメニュー。乳製品や卵類は可

請問哪一些餐點是蛋奶素食者可食用（奶、蛋ＯＫ，但是不含肉、海鮮與五辛：韭菜、洋蔥、蔥、蕗蕎與蒜頭）？

動物性の食材・成分は含まれていますか？

請問這道菜有沒有含動物性成分？

あります 有	ありません 沒有

出汁は野菜で取っていますか？
それとも肉や魚介類（鰹節など）を使用していますか？

請問湯底是素食嗎？還是有使用海鮮、肉類熬煮？

ヴィーガンです（五葷も不使用） 是純素	ヴィーガンです（五葷は使用） 是五辛素	動物性の食材を使用しています 是非素

お料理に五葷（ネギ、ニンニク、ニラ、ラッキョウ、アサツキ）が含まれている場合、取り除くことはできますか？

請問料理中的五辛（韭菜、洋蔥、蔥、蕗蕎與蒜頭）可以拿掉嗎？

はい，対応できます	いいえ，対応できません
可以	抱歉，沒有辦法

食材から肉や魚などの動物性のものを除くことはできますか？もしくはそういったメニューはありますか？（肉や魚が入っていなければ大丈夫です）

請問料理可以作成鍋邊素嗎？或是有鍋邊素的料理嗎？不含肉或海鮮即可。

はい，対応できます	いいえ，対応できません
可以	抱歉，沒有辦法

天ぷら（海老など）を全て野菜に換えることはできますか？

請問能不能把炸天婦羅都換成炸蔬菜？

はい，対応できます	いいえ，対応できません
可以	抱歉，沒有辦法

地鐵交通＆店家速查index

　　東京都內主要的公共交通包含了JR、都營地下鐵、東京メトロ（Tokyo Metro）三大地鐵系統，以及通往近郊的京王、東武、西武、京成、京急、小田急等民營私鐵。初次到訪的旅客，往往被錯縱複雜又密集的線路弄得一個頭二個大。在下一頁展開的店家速查index地鐵交通圖，是以JR山手線和都營大江戶線這兩條環狀線為主，再加上由這兩環狀線延伸的最短距離轉車路線，簡化出標註本書所有店家所在車站的地鐵圖。

　　完整的路線圖可以事先在各系統官網下載，在東京區內的各個車站內也很容易取得，或掃描下方的QR Code備分在手機裡。各餐廳介紹中的QR Code可以直接連至Google地圖，只要善用路線查詢導航的功能，即使不懂日文，也能安心依指示抵達。

JR東日本

東京都各類型鐵道路線圖

http://www.jreast.co.jp/tc/downloads/index.html?src=gnavi

JR東日本主要鐵道路線圖：首都區

都營地下鐵＆東京メトロ

https://www.tokyometro.jp/station/index.html

地下鐵路線圖（車站編號版）

甘露七福神 p.102

香林坊 p.32

meu nota p.34

Doragon Michiko p.114

Cafe VG p.66
where is a dog? p.68

ORGANIC TABLE BY LAPAZ p.42
Hanada Rosso p.44

Kick back cafe p.116

菜食健美 p.24
AIN SOPH. p.26
Mr.farmer p.28

薬膳食堂 ちゃぶ膳 p.30

Vegebon p.60

Veganic to go p.25

渋谷ミラン ナタラジ p.38
なぎ食堂 p.62

Karons p.48

菜道 p.118
+Veganique p.120

空と麦と p.46
Marugo deli ebisu p.56

Vegan café p.54

8ablish p.40
L for You p.52
Trueberry p.50
Longing House p.58

Eat more greens p.72

山手線　大塚　巣鴨
池袋
E38 光丘
E37
E36　練馬
E35
E33
E34　中井
E32
中央線　往三鷹　吉祥寺　荻窪　高円寺
T01 中野
E31　東中野
落合　高田馬場
目白
東西線　早稲田　神樂坂　牛込神樂坂
T02　T03　T04　T05
Y09 F09 M25
新大久保
大久保
新宿西口
E03　E04　E05　E06 T06 Y13
E02 F12
若松河田 牛込柳町　飯田橋
東新宿
市谷
大江戸線
中野坂上
M06 E30
E29　E28　都廳前
西新宿五丁目
E01 M08
四谷
S01 E27
新宿
京王線　仙川　明大前
往調布
E26　代代木
千駄谷　信濃町
E25　青山一丁目
國立競技場
E24 Z03 G04
小田急線　代代木上原　千代田線　原宿
往唐木田　下北澤　C01　C02
代代木公園
G03　外苑前
乃木坂
Veganic to go
C03 F15　明治神宮前
東急田園都市線　駒沢大学
往二子玉川
澀谷
Z01 F16 G01
半藏門線
Z02 G02 C04　表參道
G05
代官山
銀座線
H04 E23　六本木
学芸大学
H01　H02　恵比壽
中目黑
H03　廣尾
東急東横線　自由が丘
往元町　田園調布
I01 N01　目黑
I02 N02　白金台
I03 N03　白金高輪
N04 E22　麻布十番
五反田
大崎
品川
山手線

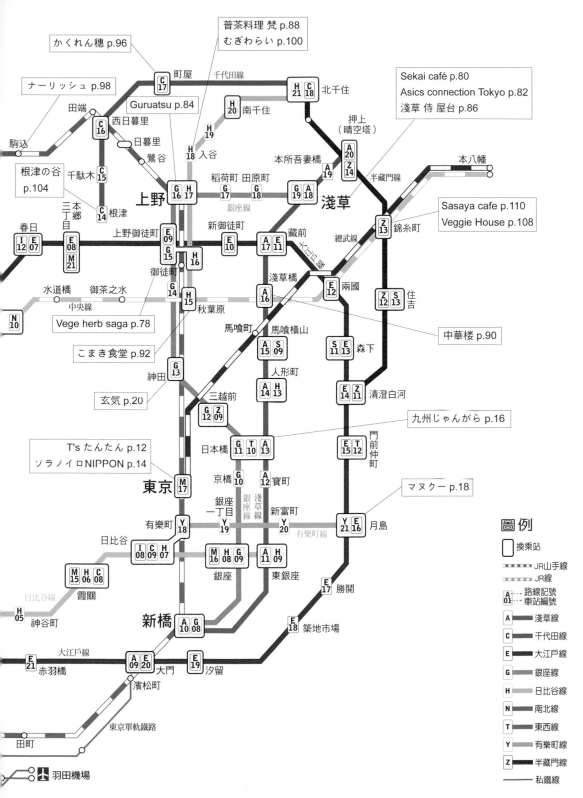

協力者感謝名單

感謝以下在各方面的協助，使得本書能夠順利製作完成。

素易總經理　林紘睿 先生
台灣素食推廣者　夠維根Go vegan（白龍＆小樹）
布魯桑　bluesome
全植食尚　vegeholic
找蔬食　Traveggo
健康素友社（Betty Chen & 素食寶寶）
電視台　大愛電視台 蔬果生活誌
素食協會　一般社団法人 日本健康素食アカデミー協会

募資平台贊助名單／依筆畫順序

王性淵	林大新	陳妶蓁	葉國琳
王教聖	林永青	陳柏維	鄒麗梅小姐
王莞靜	林佩勳	陳羿宇	廖珮君
王瑞杏	林恩皓 小朋友	陳榮三	廖珮怡
王瑞汶	柯尚毅	陳慶芳	劉軒辰
王榮棋	袁漢昇	陳曉芸	蔡蕙羽
王銀智	夠維根 Go Vegan	傑夫邦	鄭歆儒
王慧鈴	張崑裕	曾心婕	盧昀芝
吳貞瑩	張紫誼	森林仁 咖啡	蕭秋永
吳懷真	張鈴秀	湯為智	賴筠涵
呂學臨	梁峰嘉	黃天慧 Nicole Huang	賴麗秋
李文華	許純嫻	黃比聖	戴千惠
李侑蓁	郭芳秀	黃玉蘭	薛美莉
李昀珊	陳千惠	黃柏蒼	顏子翔
沈呈融 Jackie Shen	陳永鑫	黃哲偉	蘇章帆
幸福素食館	陳佩萱	黃悅耘	

執筆協力

谷 和晃　　KAZUAKI Tani

素食系部落格「宇宙BLOG」格主。
以「讓世界上的每一個人愛上素食拉麵和素食漢堡」為中心，
為了日本素食文化的發展，持續在部落格中發布日本素食的相關資訊。
喜歡的食物是義大利麵和臺灣素食。
讓所有人都變成素食主義者，是我的工作。
HP　http://vegepples.net/

千葉 芽弓　　Miyumi Chiba

素食生產商
素食推廣活動計畫「Tokyo Smile Veggies」負責人
Vegewel的Vege food producer

「讓東京的素食更受喜愛」
以此為目標的同時，愛護我們的健康以及環境。
讓日本傳統食物轉變為天然素食，
使更多人能夠在接受的同時也傳承了傳統。
並且已持續四年，關注＆發布食品教育方面的日常資訊等活動。
目前正在設計能夠讓人驚喜和感到幸福的素食菜餚，
也接受關於素食菜單的諮詢。
FB　https://www.facebook.com/tokyosmile.veggies/
HP　https://vegewel.com/ja/

翻譯協力　　王、櫻井、黃珊珊

攝影協力　　王騰逸（封底）

國家圖書館出版品預行編目 (CIP) 資料

東京食素！美味蔬食餐廳 47 選 / 山崎寬斗著 .
– 二版 . -- 新北市 : 雅書堂文化 , 2019.04
　面；　公分 . -- (Vegan map 蔬食旅；1)
ISBN 978-986-302-488-0(平裝)

1. 餐飲業 2. 素食 3. 日本東京都

483.8　　　　　　　　　108004969

Vegan Map 蔬食旅 01

東京食素！
美味蔬食餐廳 47 選

作　　　　者／山崎寬斗（Food Diversity Inc.）
發　行　　人／詹慶和
總　編　　輯／蔡麗玲
執 行 編 輯／蔡毓玲
編　　　　輯／劉蕙寧・黃璟安・陳姿伶・李宛真・陳昕儀
執 行 美 術／周盈汝
美 術 編 輯／陳麗娜・韓欣恬
出　版　　者／雅書堂文化事業有限公司
發　行　　者／雅書堂文化事業有限公司
郵政劃撥帳號／ 18225950
戶　　　　名／雅書堂文化事業有限公司
地　　　　址／新北市板橋區板新路 206 號 3 樓
電　　　　話／ (02)8952-4078
傳　　　　真／ (02)8952-4084
電 子 信 箱／ elegant.books@msa.hinet.net

2018年12月初版一刷　2019年4月二版一刷　定價 350 元

經銷／易可數位行銷股份有限公司
地址／新北市新店區寶橋路 235 巷 6 弄 3 號 5 樓
電話／ (02)8911-0825
傳真／ (02)8911-0801

優惠券

※請沿虛線剪下，結帳時交給店家，以享優惠。

Organic Table By LAPAZ

憑本券贈送 咖啡或紅茶一杯

P.042

有效期限至2019年11月31日為止

ナーリッシュNourish

單筆結帳飲料全品項皆減100日圓

P.098

有效期限至2019年11月31日為止

Veggie House

憑本券贈送點心一份

P.108

有效期限至2019年11月31日為止

Kick Back Cafe

憑本券贈送小餅乾一份

P.116

有效期限至2019年11月31日為止

浅草 侍屋台

・憑本券點拉麵 贈綠茶一杯

・單筆消費超過1500日圓，

　贈samurai ramen伴手禮一份。

Samurai Ramen UMAMI

（2人份一袋）

P.086

有效期限至2019年11月31日為止

菜道

・憑本券優惠10%OFF（九折）

・單筆消費超過3000日圓，

　贈samurai ramen伴手禮一份。

Samurai Ramen UMAMI

（2人份1盒）

P.118

有效期限至2019年11月31日為止